U0274354

关于太阳系中大星体间优化飞行的初步理论探讨

（再版）

竺苗龙　竺雪君　著

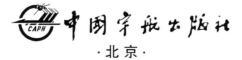
中国宇航出版社
·北京·

内 容 简 介

本书为关于航天力学中优化理论研究的学术专著，提出了一种太阳系中大星体间优化飞行的新方法，主要论述在太阳系中飞行时轨道各子弧如何优化设计及如何优化拼接等。

全书共5章，分别为：引论；绕地飞行航天器的最佳发射轨道理论；返回中的一个优化问题；有关小推力轨道；关于太阳系中大星体间的优化飞行初步探讨。另附有6个附录。书中所论述的内容全部来自作者及其合作者多年的科研成果。

本书可供从事航天器发射轨道研究的航天科学技术工作者阅读，也可作为高等院校和研究机构相关专业的研究生教学参考书。

版权所有　侵权必究

图书在版编目（CIP）数据

关于太阳系中大星体间优化飞行的初步理论探讨：再版 / 竺苗龙，竺雪君著 . – – 北京：中国宇航出版社，2017.8

ISBN 978-7-5159-1374-2

Ⅰ．①关…　Ⅱ．①竺…②竺…　Ⅲ．①航天器－飞行控制　Ⅳ．①V448.2

中国版本图书馆 CIP 数据核字（2017）第 216049 号

责任编辑　彭晨光

责任校对　祝延萍　　**封面设计**　宇星文化

出 版 发 行	**中国宇航出版社**			
社 址	北京市阜成路 8 号　邮 编　100830	版 次	2017 年 8 月第 2 版
	（010）60286808　（010）68768548		2017 年 8 月第 1 次印刷
网 址	www.caphbook.com	规 格	787×1092
发行部	（010）60286888　（010）68371900	开 本	1/16
	（010）60286887　（010）60286804（传真）	印 张	10.75
零售店	读者服务部	字 数	262 千字
	（010）68371105	书 号	ISBN 978 - 7 - 5159 - 1374 - 2
承 印	北京画中画印刷有限公司	定 价	68.00 元

本书如有印装质量问题，可与发行部联系调换

再版前言

　　这本小书原来的内容是在选好的发射窗口上进行太阳系中大星体之间的优化飞行，主要内容就是轨道子弧的优化和拼接的优化，当然也自然涉及到各个节点处的多级火箭的有关优化问题。

　　现在再版，除了在原书的内容简介中改了几个字之外，原书的正文原封不动；但增加了一个附录。这个附录主要是对发射时机及飞行路径等进行了优化探讨，然后把上述优化探讨后的结果与原书中的优化结果结合在一起，从而提出了现在的更为全面的关于太阳系中大星体之间优化飞行的总设想。首先是对大推力火箭的，然后对小推力火箭等也进行了类似的探讨。

　　附录的最后一节基本上则是对以后的太阳系中大星体之间优化飞行的一种展望，主要是希望能在太阳系中大星体间优化飞行中，对运载工具的重复使用上提出一些想法（例如结合航天飞机等）。另外则指出与大推力火箭相结合的小推力火箭（新型的小推力火箭）在太阳系中优化飞行时其他的好处。最后指出多个小推力火箭的结合有可能为人类飞出太阳系开辟出一条更好的道路。

　　是不是这样？恳请同行们多多指正，以便使上述理论得到更好的发展。

作　者

2017 年 5 月 1 日

一版前言

　　近几十年来，太阳系中的金星、火星等八大行星以及小行星、行星的卫星、彗星甚至太阳本身等人们都已探测过，有的还探测过多次，更惊人的是实现了载人登月。这些飞行，除了少数是利用甩摆技术（即引力效应）或霍曼转移外，其他基本上都是用大推力化学火箭的一般飞行。

　　如何既要安全地到达目标，又要考虑能量或费用最省（例如探月等），或者时间最短（例如探测火星等），或者两者都要考虑，等等，这就是这本小书要介绍的太阳系中的优化飞行了。

　　为了进行太阳系中的优化飞行，我们把《绕地飞行航天器最佳发射轨道理论及其他问题的研究》中的有关理论扩展到太阳系中大星体间飞行上，从而形成了一个太阳系中大星体间优化飞行的新方法。小星体的探测则另当别论。原则上讲这个方法对探测太阳系中任一大星体的优化飞行都可用，包括探测大星体的卫星等。而且对人们熟知的甩摆技术也有用，起码是甩摆技术的首尾两段都可用此方法从而更提高甩摆技术的效益。至于甩摆飞行中的中间部分则要具体问题具体分析。

　　反过来，甩摆技术对上述方法也有用，例如用此新方法去探测木星或者土星等，中间就可利用火星等的引力作用。探测大星体的卫星时，若也利用一下引力效应，则效果也可能会更好。再则若先从地球出发探测金星，然后转向地球而充分利用地球的引力效应再去探测火星等，这样地球本身也成为甩摆技术的一个角色了。各种甩摆，五花八门。

　　所以这个新方法跟甩摆技术在太阳系中的优化飞行中的应用，它们各有千秋，可以互相补充，好好结合。当然有的场合，例如探月，那只能用我们的新方法。而从地球飞向目标星体时中间其他星体越多，则甩摆技术的优越性越能体现。

　　上面基本上都是对大推力的火箭而言的。

　　如果考虑小推力火箭飞行，例如电火箭的飞行，虽然载人登月由于相对大推力火箭来说时间太长，故至今未被采用过；但载货及探测其他行星等，例如探测土星等，那么由于小推力火箭加速时间长，从而速度也就可以达到较大，这样它就可能比大推力的化学火箭还要早到土星等星体，如果再充分利用太阳能及引力效应（如果有条件的话）等，那么效益就会更好。所以小推力火箭的飞行情况,在太阳系的优化飞行中也是可以考虑的。而且我们的小推力火箭飞行轨道(即本书介绍的小推力火箭飞行轨道)都是从椭圆停泊轨道上起飞的,这与以前的都从圆停泊轨道上起飞不同,因为圆停泊轨道是椭圆停泊轨道的特例,所以我们考虑的是更一般的情况。

本书着重介绍的就是我们上面提到的把《绕地飞行航天器最佳发射轨道理论及其他问题的研究》中的有关理论扩展到太阳系的飞行中而建立起来的一种太阳系中优化飞行的新方法,以及从椭圆停泊轨道上起飞的小推力火箭的飞行情况,当然也讲到这种新方法在人们熟知的甩摆技术(即引力效应)中的应用,以及它们两者之间的关系。至于行星际的霍曼转移等,大家很熟悉,故只在第 5 章中简单提到和比较。

这个新方法效益会如何?我们这样考虑的小推力火箭飞行是不是比前人考虑的更好些,等等,这些都要请同行特别是同行中的前辈多多指教。

最后,我们要说本书所有内容(包括本书介绍的小推力飞行)除个别特殊声明(例如甩摆技术)之外,都是我们自己完成的科研成果,读者若发现有别人在我们论文发表之前已发表有关论文,请及时指出来,以便我们再版时修正。

作 者

2014 年 6 月于青岛大学

目　录

第 1 章 引 论

这本小书共分 5 章:第 1 章是引论,第 2 章是绕地飞行航天器最佳发射轨道的理论,第 3 章是返回中的一个优化问题的解决,第 4 章是有关小推力飞行轨道,第 5 章是关于太阳系中大星体间优化飞行的初步探讨。

前言已说,对于太阳系中星体的探测,人们已进行了几十年。不但对各大行星都多次探测过,甚至连彗星、小行星、有些行星的卫星及太阳本身等也都进行过多次探测,更惊人的是还实现了载人登月。这些飞行,除了甩摆飞行或霍曼转移外,基本上都是一般的飞行。

而这本小书要探讨的却是优化飞行,即不但要求到达预定目标,而且要使能量最省(例如探月),或者时间最短(例如探测火星等),或者两者兼顾等等。

但是太阳系中的任何优化飞行都是从地球开始的。所以绕地飞行的优化问题必须先加以考虑。

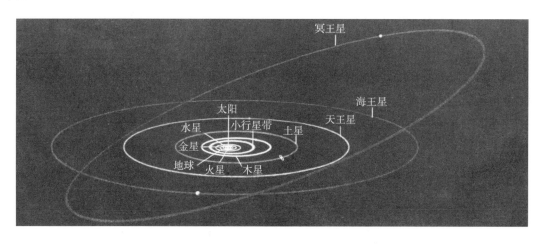

图 1-1 太阳系行星和冥王星的轨道图

从内向外,太阳、水星(Mercury)、金星(Venus)、地球(Earth)、火星(Mars)、

小行星带(Asteroid Belt)、木星(Jupiter)、土星(Saturn)、天王星(Uranus)、

海王星(Neptune)和冥王星(Pluto)

1.1 关于绕地飞行航天器最佳发射轨道的理论

绕地飞行航天器,其轨道当然是椭圆轨道(包含圆,以下不重复)。

对于一个给定的目标椭圆轨道而言,其发射轨道可以是停泊式、三段式或直接进入。因为直接进入可以作为三段式发射的特殊情况,所以人们只要比较三段式发射和停泊式发射的优劣就行。比较后知:三段式发射不但能量也很省,而且有点火次数少等优点,所以三段式发射很重要,当然对控制的要求是高了点。

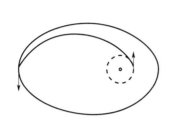

图 1-2 $r_0 \leqslant r_P$ 时三段式最佳发射

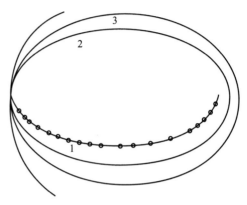

图 1-3 轨道替化示意图

对于三段式的发射有个优化的问题,提法将在第 2 章中详述。

对于三段式的发射还有个更重要的整体优化问题,提法也将在第 2 章中详述。

我们把三段式发射的整体优化的 r_0 记为 r_0^*,当然它对应的实际上是(r_0^*、α^*、V_0^*)这三个参数。

对于停泊式发射也有个优化问题,提法也将在第 2 章中详述。

对于停泊式发射也有个更重要的整体优化问题,提法也将在第 2 章中详述。

我们记停泊式发射的整体优化 R 为 R^*。

计算表明,若记目标椭圆轨道的近点距为 r_P,远点距为 r_A,那么 r_0^* 往往有 $r_0^* + R_0 < r_P$,此时我们可得到 $r_0^* = R^*$ 这个结论。但从理论上讲,若 r_0^* 不是 $r_0^* + R_0 < r_P$,那么 r_0^* 与 R^* 就不一定有 $r_0^* = R^*$ 这个关系。这里 R_0 是地球的半径。

另外,第 2 章中还有一个仿真的例子。

这个例子是针对静止轨道的一个转移轨道,其 $r_P = (500 + R_0)$ km,$r_A = (30\,000 + R_0)$ km。

对于这么一个转移轨道,我们当然可以进行整体最佳发射。书中告诉我们此时:$r_0^* + R_0 < r_P$。

然后我们用 $r_0^* + R_0 = r_P$,$r_A = r_A$ 作为一个新的转移轨道,而且直接从 r_0^* 处进入该新轨道,那么这个新的转移轨道显然要比原转移轨道好。

这个方法在太阳系的优化飞行中设计第 1 子弧时常要用到。

这与在绕地飞行时不同,那时对给定的目标椭圆轨道整体最佳发射时,其整体最佳的 r_0^*

常常有 $r_0{}^* + R_0 < r_P$。

1.2　关于返回中的优化

第 3 章中介绍的返回中的优化,是对从地外天体返回地球而言的。

显见这个成果对探测月球、探测火星等,不管是绕它们飞行也好,登陆也好,也都可用(当然有关数值会有变化)。

书中讨论时考虑的首要指标是能量最省,实际上此时时间是放在第二位的。但返回可能是双曲轨道返回,也可能是抛物轨道返回,也可能是椭圆轨道返回。

如果考虑的是时间最省,例如人们在探测火星时就希望往返时间最省,这时不但开始子弧采用双曲子弧,中间子弧要采用双曲子弧,最后子弧也希望是双曲子弧。这就有可能在最后子弧的开始时也要加速,这样就把时间最省放在第一位,而把能量最省放在第二位了。

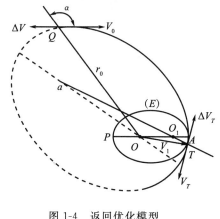

图 1-4　返回优化模型

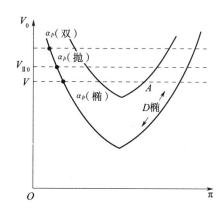

图 1-5　返回优化分析

1.3　关于太阳系中的优化飞行

本书第 4 章是关于小推力轨道,第 5 章是太阳系中优化飞行的初步探讨。

例如探测月球。

按引力球理论,我们先用第 2 章内容来设计第 1 子弧。实际上是半个椭圆,r_A 是远点距,要求 r_A 在月球引力球内,而且其位置、速度方向等也都要符合要求(参见阿波罗登月图)。

然后我们按引力球理论,用第 3 章的内容来设计第 2 子弧,让其进入绕月轨道或登月。

然后根据有摄限制三体问题的理论,进一步进行计算。如果 r_A 及其对应的基本参数变化不大,那就不必调整发射第 1 子弧的基本参数。否则,则要调整发射第 1 子弧的基本参数。对于这个调整后的椭圆轨道而言,又有一个整体最佳发射方案,从而产生了新的基本参数。

然后按第 1 子弧的新的参数发射(如果旧的基本上也合适,这时看做新旧一样),显见这时的 r_A 对应的第 1 子弧及其以后的子弧就构成了一条新的基本轨道。当然在第 2 子弧的开始时,有时作一些必要的修正也是需要的。

然后按书上讲的多选几条新的基本轨道,就可基本上确定登月时的整体最佳轨道。

实际操作这条基本上整体最佳轨道的情况,基本上就是如此。详细情况,正文中会介绍。甚至包括不共面情况。

大推力火箭探测火星的情况详细见正文,那里还讲探测太阳系中的其他星体及甩摆方法等。

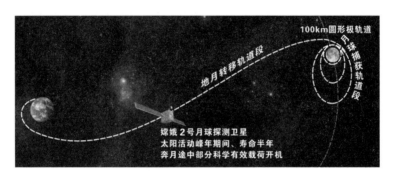

图 1-6   嫦娥 2 号飞行示意图

读者如果对第 2、3、4 章的内容比较熟悉了,另外则要对天体力学的有关知识,例如 2 体问题、3 体问题等多体问题及受摄限制多体问题等及其有关数值计算的方法要比较熟悉(例如学一下有关天体力学及深空探测等方面的著作),有了这些条件,阅读这本小书其他内容,包括引论,就会比较容易。

当然,第 2、3 章内容,对甩摆技术也是有用的,例如开始和结尾都可应用。至于中间部分,则要具体问题具体分析。此外,除了图示的甩摆外,还有先从地球飞向金星,然后用地球引力飞向火星;还有用月球引力的甩摆,等等。

我们提出的优化方法在探月、探测火星和金星等方面显然效果明显,但在探测水星、土星、木星等方面,用一下甩摆技术显然更好。2 种方法各有千秋,我们要好好把握,甚至将它们结合使用。

总之,本小书的主要内容是对太阳系中的优化飞行提出我们的新方法,实际效果会如何,要由实践来检验。因为实践是检验真理的唯一标准。

另外,前言已说:用电火箭等作小推力飞行,虽然载人探月时不会采用(不载人当然可考虑),因为相对于现在火箭飞行来回时间小推力飞行时间就太长了。但在探测火星等星体行星际飞行时,能不能采用? 就可考虑。因为小推力飞行时其加速时间长,从而使速度大大增加。这就有可能在长距离飞行时,它比大推力的化学火箭(推进剂量有限)更早地到达火星等星体。

如果中间再充分利用太阳能、引力效应(如果可能的话)等,那效果当然会更好。至于小推力飞行中的子弧拼接问题,第 5 章中也会叙述。

以后人们会不会想出其他甚至更好的太阳系中优化飞行的方法来,我们认为是大有可能的,因为科学是在不断发展的。另外请注意:我们的小推力飞行是在椭圆停泊轨道上起飞的,圆停泊轨道上起飞的情况是它的特例,所以它更一般。

第2章　绕地飞行航天器的最佳发射轨道理论

2.1　引言

1962 年，钱学森先生出版了《星际航行概论》一书。在该书中，他在国内首先提出了关于人造地球卫星的最佳发射轨道问题，并且对目标轨道为圆周轨道的情况建立了一个简单的数学模型。

首先，把人造地球卫星的发射轨道分为图 2-1 所示的三段。

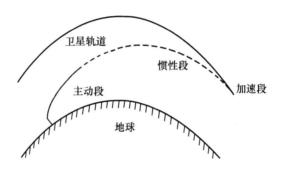

图 2-1　三段式发射轨道示意图

其次，作如下假设：对于熄火点 r_0 而言，若其对应的速度为 v_0，那么从地面起飞到熄火点 r_0 处，由大气阻力引起的速度损耗 A_2 和由地球引力引起的速度损耗 A_1 之和为常数。

对某个给定的 r_0 而言，若记 $A_1 + A_2 = A$，那么钱学森先生解决他提出的那个问题的指标函数就是

$$f = v_0 + \Delta v + A$$

这就是说，对于一个给定的目标轨道，我们如何分配 v_0 及 Δv，使卫星切向进入目标轨道且使指标函数 f 之值为最小？

他考虑的是一个圆周轨道。他充分利用圆周轨道这个特征，简洁而巧妙地解决了这个问题。答案很漂亮，如图 2-2 所示。

那么我们做了些什么呢？

首先，对于给定的某一常数 r_0 而言，若到此 r_0 处由空气阻力所引起的速度损耗和由地球引力所引起的速度损耗之和还是某一常数 A，但我们把目标轨道扩大到椭圆轨道（当然结

论可用于圆周目标轨道)。

其次,若给定目标椭圆轨道的近地点的距离是 r_P,
而远地点的距离是 r_A,那么我们这里的 r_0 可以是 $r_0 \leqslant$
r_P,也可以是 $r_P < r_0 < r_A$ 及 $r_0 \geqslant r_A$。在 r_0 满足

$$R + 100 \text{ km} \leqslant r_0 \leqslant 300 \text{ km} + R$$

情况下,就有可能碰到上述三种情况,那更不用讲关于 r_0
的其他情况了(其中 R 为地球半径)。

这就是说,对于这种已扩大意义下的 r_0 而言,若目
标轨道为椭圆轨道,发射人造地球卫星的最佳轨道此时
又是什么?

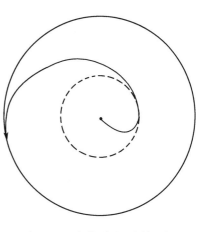

图 2-2　目标轨道为圆周轨道时
最佳发射轨道示意图

其实,对于给定的 r_0 而言,若目标轨道为一般的二
次曲线轨道,这时的最佳发射轨道问题显然也可像本章所述的那样类似地去探讨,当然那时
已不是发射人造地球卫星了,而是发射人造行星等。

为了叙述方便,本章仅限于讨论目标椭圆轨道,对于其他情况有兴趣的读者可自己去
推算。

对发射轨道的惯性段,我们也不仅仅局限在椭圆轨道情况,而是把它扩大到一般二次曲
线轨道的情况。

为此我们也建立了严格的数学模型。

这个模型计算比较繁,但每一步都是严格的,而且得到的结果也比较多。

例如当 $r_0 \leqslant r_P$ 时,我们得到了此时的最佳发射
轨道(见图 2-3),而且证明了此时双曲轨道和抛物轨
道都不能作为最佳发射轨道的惯性段。

如果一个圆周轨道的半径为 $\overline{R}$,$r_P < \overline{R} < r_A$,那
么这个圆周轨道到这个椭圆轨道的最佳双切向过渡
轨道是一个双外切的椭圆轨道。但在最佳发射轨道
问题里,如果指标是

$$f = v_0 + \Delta v + A$$

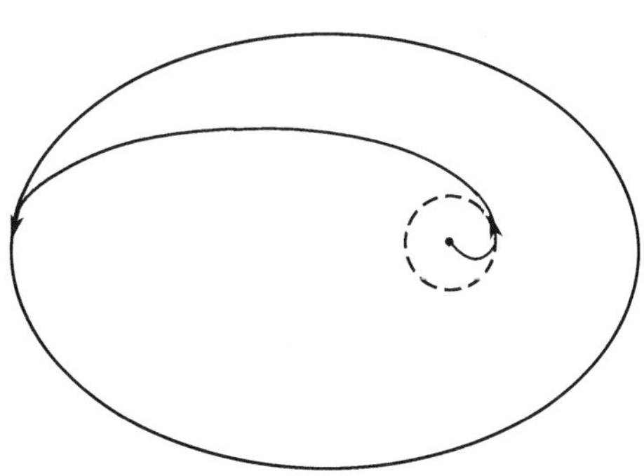

那么这时的最佳发射轨道是双内切椭圆轨道(如图
2-4),这与轨道过渡问题的区别就明显地表示出来了。

图 2-3　$r_0 \leqslant r_P$ 时最佳发射轨道示意图

对于 $r_P < r_0 < r_A$ 及 $r_0 \geqslant r_A$ 的情况(见图 2-5),它们的最佳发射轨道,按我们的模型严格地证
明,此时的双曲轨道和抛物轨道也都不能作为最佳发射轨道的惯性段;这些结论也是很有意
义的。

此外,从上已知:

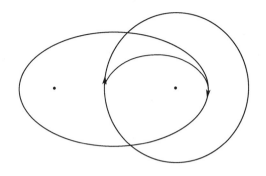

图 2-4　$r_P < r_0 < r_A$ 时最佳发射轨道示意图

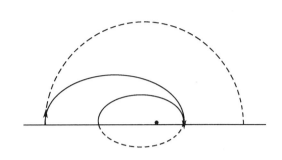

图 2-5　$r_0 \geqslant r_A$ 时最佳发射轨道示意图

$$\begin{cases} 对于一个给定的 r_{01}, \\ 有一个对应的最佳发射轨道, \\ 从而对应一个最佳的 f 值 f_1。 \end{cases}$$

同样

$$\begin{cases} 给定另一个 r_0 的值 r_{02}, \\ 又有另一个对应的最佳发射轨道, \\ 从而对应另一个最佳的 f 值 f_2。 \end{cases}$$

......

现在要问，如果不改变推力但 r_0 允许变化，那么这个最佳的 f 值即 f_{min} 随 r_0 到底如何变化？

再推广一点，如果推力也可改变或选择，我们又如何考虑？

再则，我们知道指标函数是

$$f = v_0 + \Delta v + A$$

如果不考虑 A，那么 $\min(v_0 + \Delta v)$ 随 r_0 的变化规律我们在本章中也解决了，而且画出了图 2-6 进行示意。

如果考虑 A，那么对于允许范围内的某一推力值和一个允许的 r_0，有一个对应的 $\min(v_0 + \Delta v)$，也有一个对应的 $A(r_0)$，从而有一对应的

$$f_{min}(r_0) = \min(v_0 + \Delta v) + A(r_0)$$

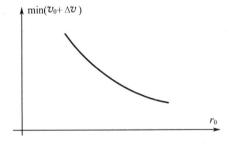

图 2-6　$\min(v_0 + \Delta v)$ 随 r_0 变化示意图(1)

例如从距地面高度 100 km 到 300 km 之间给出一组 r_0 的值，就 $f_{min}(r_0)$ 的对应值画出草图。这样不但可看出 $f_{min}(r_0)$ 随 r_0 如何变化，而且还能看出最佳 r_0 的大致位置。

再给几个允许范围内的其他推力值，又重复上面的工作，这样就可大致确定最佳的推力和最佳的 r_0。

以上叙述是对给定的 r_0 其对应的损耗 $A(r_0)$ 假定是相差不大或者相等而言的。

如果对于一个给定的 r_0 其对应的损耗 $A(r_0)$ 不仅跟 r_0 有关，而且跟 V_0 有关，我们也讨论这种情况的最佳发射轨道问题以及经过停泊轨道发射航天器的轨道优化问题和三段式最佳发射轨道和最佳停泊式发射及直接进入的关系等。

总之，我们在本章将建立起航天器的最佳发射轨道的一个比较完整的理论。

2.2 发射人造地球卫星的最佳轨道(Ⅰ)

前面已指出：发射人造地球卫星的轨道一般分为三段：一是由地面起飞，冲破大气层，到达一定高度的主动段；二是自由飞行的被动段；三是在卫星目标轨道附近通过冲击使卫星进入目标轨道的短程加速段。最优化的要求是使整个发射过程中火箭的特征速度需要量为最小。分析中通常认为冲击是瞬时的，并且被动段与目标轨道相切于冲击点，因此冲击的方向必须沿着轨道切线。在假定第一主动段结束之前的速度损耗为常量且目标轨道为圆形的条件下，上述问题已经解决，所得的最佳被动段轨道是霍曼式轨道。由本节开始，我们把问题推广到卫星目标轨道为椭圆的情况。

不妨假定目标椭圆轨道的近地点距离是 r_P 而远地点距离是 r_A。

本节讨论第一段熄火点的地心距离(不妨记为)r_0 小于、等于目标轨道近地点距离 r_P 的情况。对于 $r_P < r_0 < r_A$ 和 $r_0 \geqslant r_A$ 的情况，将在下面几节中分别讨论。

设卫星的目标椭圆轨道 E 的方程为

$$r = \frac{p}{1 + e\cos\theta} \tag{2.2-1}$$

其中，p 为椭圆的通径；e 为偏心率；p 和 e 均已给定。

此外，限定发射轨道的被动段也是椭圆 E'，令其方程为

$$r' = \frac{p'}{1 + e'\cos(\theta - \theta_0)} \tag{2.2-2}$$

其中，通径 p'、偏心率 e' 和 θ_0 都需由相切条件和最优化的要求确定，$|\theta_0|$ 为椭圆 E 和 E' 的长轴间的夹角(见图 2-7)。

假定两椭圆相交于某点，则在交点处有 $r = r'$，即

$$\frac{p}{1 + e\cos\theta} = \frac{p'}{1 + e'\cos(\theta - \theta_0)}$$

从而有

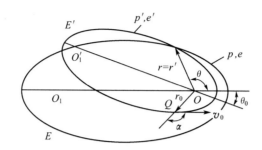

图 2-7　两椭圆相交时

$$p - p' = (p'e - pe'\cos\theta_0)\cos\theta - pe'\sin\theta_0\sin\theta$$

故有

$$\frac{p - p'}{\sqrt{(p'e - pe'\cos\theta_0)^2 + (pe'\sin\theta_0)^2}} = \frac{p'e - pe'\cos\theta_0}{\sqrt{A^2 + B^2}}\cos\theta - \frac{pe'\sin\theta_0}{\sqrt{A^2 + B^2}}\sin\theta$$

其中

$$A = p'e - pe'\cos\theta_0$$

$$B = pe'\sin\theta_0$$

若令

$$\cos\delta = \frac{p'e - pe'\cos\theta_0}{\sqrt{A^2 + B^2}} \tag{2.2-3}$$

其中 $\delta \in [0, \pi]$，那么

$$\sin\delta = \pm\frac{pe'\sin\theta_0}{\sqrt{A^2 + B^2}} \tag{2.2-4}$$

由于对称，只需考虑在目标轨道椭圆 E 的上半部相切的情况。显见，此时的 $\theta_0 \in [-\pi, 0]$，从而式(2.2-4)中的 $\sin\delta$ 的表达式应取负号，于是有

$$\cos(\theta - \delta) = \frac{p - p'}{\sqrt{A^2 + B^2}} \tag{2.2-5}$$

相切要求在切点 T 处有

$$\cos(\theta_T - \delta) = \pm 1$$

由于椭圆 E' 内切于椭圆 E 而有 $p' < p$，故上式右端应取正号，即在切点处有

$$\theta_T = \delta \tag{2.2-5'}$$

若在椭圆 E 的下半部相切，也可以进行同样的分析。

这样，由式(2.2-5)可得相切条件

$$[(pe')^2 - 2pp'ee'\cos\theta_0 + (p'e)^2] - (p - p')^2 = 0 \tag{2.2-6}$$

因为 $e' \neq 0$（这里不考虑圆的情况），故得

$$\cos\theta_0 = \frac{(pe')^2 + (p'e)^2 - (p - p')^2}{2pp'ee'} \tag{2.2-7}$$

因此对于切点 T 的极径 r_T 和切点处的角 $\theta_T = \delta$ 有

$$\cos \theta_T = \cos \delta = \frac{(p'e)^2 - (pe')^2 + (p - p')^2}{2pe(p - p')} \qquad (2.2\text{-}8)$$

$$r_T = \frac{p}{1 + e\cos\theta_T} = \frac{2pp'(p - p')}{p^2[1 - (e')^2] - (p')^2(1 - e^2)}$$

$$= \frac{2(p - p')aa'}{pa - p'a'} \qquad (2.2\text{-}9)$$

其中

$$a = \frac{p}{1 - e^2}$$

$$a' = \frac{p'}{1 - (e')^2}$$

分别为椭圆 E 和椭圆 E' 的半长轴。

下面写出速度的表达式，因为对椭圆 E 而言，动量矩守恒

$$h = v_T r_T \sin \beta = \mu \sqrt{p} \qquad (2.2\text{-}10)$$

其中，β 为切点 T 处的矢径 $\boldsymbol{r}_T$ 与速度 $\boldsymbol{v}_T$ 的方向间夹角（见图 2-8），μ 为常数，故有

$$v_T = \frac{\mu \sqrt{p}}{r_T \sin \beta} \qquad (2.2\text{-}11)$$

同样，在椭圆 E' 上有

$$h' = v'_T r_T \sin \beta = \mu \sqrt{p'} = v_0 r_0 \sin \alpha \qquad (2.2\text{-}12)$$

其中，α 为第一主动段熄火点 Q_0 处的矢径 $\boldsymbol{r}_0$ 与速度 $\boldsymbol{v}_0$ 的方向间夹角（见图 2-9），故有

$$v'_T = \frac{\mu \sqrt{p'}}{r_T \sin \beta} = \frac{v_0 r_0 \sin \alpha}{r_T \sin \beta} \qquad (2.2\text{-}13)$$

由于内切，$p' < p$，所以 $v'_T < v_T$，可见在切点处所需的速度冲击量为

$$\Delta v_1 = v_T - v'_T = \frac{1}{r_T \sin \beta}(\mu \sqrt{p} - \mu \sqrt{p'})$$

$$= \frac{1}{r_T \sin \beta}(\mu \sqrt{p} - v_0 r_0 \sin \alpha) \qquad (2.2\text{-}14)$$

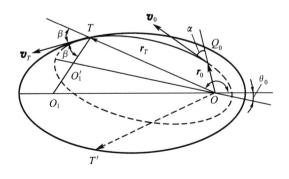

图 2-8　两椭圆相切时

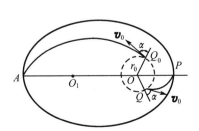

图 2-9　$r_0 < r_P$ 时发射优化分析(1)

现在来求 $\sin \beta$ 的表达式

$$\tan \beta = \left[r \frac{\mathrm{d}\theta}{\mathrm{d}r} \right] \bigg|_{\theta=\delta}$$

所以

$$\cot \beta = \left[\frac{1}{r} \frac{\mathrm{d}r}{\mathrm{d}\theta} \right] \bigg|_{\theta=\delta} = \frac{e \sin \theta}{1 + e\cos \theta} \bigg|_{\theta=\delta}$$

$$\sin \beta = \sqrt{\frac{1}{1 + \cot^2 \beta}} = \frac{1 + e\cos \theta}{\sqrt{1 + e^2 + 2e\cos \theta}} \bigg|_{\theta=\delta}$$

整理后可得

$$f = v_0 + \Delta v_1 = v_0 + \sqrt{\frac{2\mu^2}{r_0} - v_0^2 - \frac{\mu^2}{a}} \sqrt{\frac{\mu \sqrt{p} - v_0 r_0 \sin \alpha}{\mu \sqrt{p} + v_0 r_0 \sin \alpha}} \tag{2.2-15}$$

为求 f 的最小值，需先确定此函数的变量 α 和 v_0 的变化范围。

对一给定的 r_0 而言，卫星可在圆周 r_0 任一点按任意方向（正向或反向都可以）飞行到和给定的目标轨道相切的某点 T（见图 2-10），故 α 的变化范围为 $(0, \pi)$。但当 $\alpha = 0$ 或 $\alpha = \pi$ 时，自由飞行的轨道退化为直线，不便于在 T 处加速，所以 α 的变化范围应为 $(0, \pi)$。

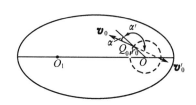

图 2-10 $r_0 < r_P$ 时发射优化分析(2)

速度 v_0 的变化范围可以考虑如下。记

$$\eta = v_0^2 \tag{2.2-16}$$

那么

$$\frac{\partial p'}{\partial \eta} = \frac{r_0^2 \sin^2 \alpha}{\mu^2}$$

$$\frac{\partial a'}{\partial \eta} = \frac{(a')^2}{\mu^2}$$

再求 r_T 对 η 的导数，整理后可得

$$\frac{\mu^2 (pa - p'a')}{pa (a')^2 \sin^2 \alpha} \frac{\partial r_T}{\partial \eta} = (a - r_0)^2 + a^2 \left(\frac{\cos^2 \alpha - e^2}{\sin^2 \alpha} \right)$$

但已知

$$r_0 < a(1 - e) = r_P$$

即

$$a - r_0 > ea$$

再加上 $p' < p, a' < a$；计算并整理后可得

$$\frac{\partial r_T}{\partial \eta} \geqslant 0 \tag{2.2-17}$$

可见 r_T 随着 $v_0^2 = \eta$（从而也就随着 v_0）的增加而单调上升。

于是可知 v_0 的最小值对应着最小的 $r_T = r_P$，而 v_0 的最大值对应着最大的 $r_T = r_A$。

由式(2.2-9)可得 v_0 的下限 v_{0P} 为

$$v_{0P}^2 = \frac{2\mu^2}{r_0} \frac{a(1-e)\left[a(1-e)-r_0\right]}{a^2(1-e)^2 - r_0^2 \sin^2\alpha} = v_{\mathrm{II}_0}^2 \frac{r_P(r_P - r_0)}{r_P^2 - r_0^2 \sin^2\alpha} \tag{2.2-18}$$

其中，$v_{\mathrm{II}_0} = \sqrt{\dfrac{2\mu^2}{r_0}}$ 为 r_0 处的逃逸速度。

而 v_0 的上限 v_{0A} 为

$$v_{0A} = v_{\mathrm{II}_0} \sqrt{\frac{r_A(r_A - r_0)}{r_A^2 - r_0^2 \sin^2\alpha}} \tag{2.2-19}$$

因此

$$v_{\mathrm{II}_0} \sqrt{\frac{r_P(r_P - r_0)}{r_P^2 - r_0^2 \sin^2\alpha}} \leqslant v_0 \leqslant v_{\mathrm{II}_0} \sqrt{\frac{r_A(r_A - r_0)}{r_A^2 - r_0^2 \sin^2\alpha}} \tag{2.2-20}$$

特别当 $\alpha = \dfrac{\pi}{2}$ 时，此范围为

$$v_{\mathrm{II}_0} \sqrt{\frac{r_P}{r_P + r_0}} \leqslant v_0 \leqslant v_{\mathrm{II}_0} \sqrt{\frac{r_A}{r_A + r_0}} \tag{2.2-21}$$

因此现在的问题就归结为求函数(见图 2-11)

$$f = v_0 + \sqrt{u^2 - v_0^2} \sqrt{\frac{\mu\sqrt{p} - v_0 r_0 \sin\alpha}{\mu\sqrt{p} + v_0 r_0 \sin\alpha}}$$

在区域 D_2 中的最小值。

$$D_2 \begin{cases} 0 < \alpha < \pi \\ v_{\mathrm{II}_0} \sqrt{\dfrac{r_P(r_P - r_0)}{r_P^2 - r_0^2 \sin^2\alpha}} \leqslant v_0 \leqslant v_{\mathrm{II}_0} \sqrt{\dfrac{r_A(r_A - r_0)}{r_A^2 - r_0^2 \sin^2\alpha}} \end{cases}$$

其中

$$u^2 = \frac{2\mu^2}{r_0} - \frac{\mu^2}{a} > 0$$

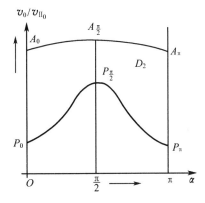

图 2-11　$r_0 < r_P$ 时发射优化分析(3)

现在证明函数 f 在的区域 D_2 内无极小值点。对于 $(0, \pi)$ 中任一指定的 α 而言，我们有

$$\frac{\partial f}{\partial v_0} = 1 - \frac{v_0}{\sqrt{u^2 - v_0^2}} \sqrt{\frac{\mu\sqrt{p} - v_0 r_0 \sin\alpha}{\mu\sqrt{p} + v_0 r_0 \sin\alpha}} - \sqrt{u^2 - v_0^2} \times$$

$$\frac{\mu\sqrt{p}\, v_0 r_0 \sin\alpha}{(\mu\sqrt{p} + v_0 r_0 \sin\alpha)^{\frac{3}{2}} (\mu\sqrt{p} - v_0 r_0 \sin\alpha)^{\frac{1}{2}}}$$

$$= 1 - \frac{(\sqrt{p} - \sqrt{p'})\left[(p - p') + \dfrac{u^2 - v_0^2}{v_0^2} \sqrt{pp'}\right]}{\dfrac{\sqrt{u^2 - v_0^2}}{v_0}(p - p')^{\frac{3}{2}}}$$

$$= 1 - \frac{V}{W} = -\frac{V - W}{W} \tag{2.2-22}$$

其中

$$V = (\sqrt{p} - \sqrt{p'})\left[(p - p') + \frac{u^2 - v_0^2}{v_0^2}\sqrt{pp'}\right] > 0$$

$$W = \frac{\sqrt{u^2 - v_0^2}}{v_0}(p - p')^{\frac{3}{2}} > 0$$

令

$$F = V^2 - W^2$$

则

$$F = \frac{(\sqrt{p} - \sqrt{p'})^2}{p'}(\lambda - p)\left[(p')^2 - 2pp' + \lambda p\right]$$

其中

$$\lambda = \frac{u^2 r_0^2 \sin^2\alpha}{\mu^2} = \left(2 - \frac{r_0}{a}\right)r_0 \sin^2\alpha$$

再记

$$g = \frac{-Fp'}{(\sqrt{p} - \sqrt{p'})^2(p - \lambda)} = (p')^2 - 2pp' + \lambda p$$

可见 $g = 0$ 有两个根

$$p_1' = p - \sqrt{p(p - \lambda)}, \quad p_2' = p + \sqrt{p(p - \lambda)}$$

由 λ 的表达式可以证明：当 $r_0 < r_P < a$ 时，有 $0 < \lambda < p$；故知 $g = 0$ 的两个根均为正根，但由于只考虑内切的情况，所以 $p' < p$，故知第 2 根 p_2' 应舍去。

画出 g 的图形，如图 2-12 所示。由于 g 通过 F 与 $\frac{\partial f}{\partial v_0}$ 的符号变化一致，所以在 p_1' 对应的 v_0^* 处函数 f 达极大值。由此可见，函数 f 的最小值必在上边界 $A_0 A_{\frac{\pi}{2}} A_\pi$ 或下边界 $P_0 P_{\frac{\pi}{2}} P_\pi$ 处达到（不包括边界两端）。

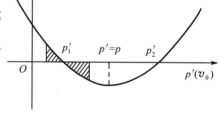

图 2-12　$r_0 < r_P$ 时发射优化分析(4)

在下边界 $P_0 P_{\frac{\pi}{2}} P_\pi$ 处，函数 f 的值为

$$f_P = v_{II_0}\sqrt{\frac{r_P - r_0}{r_P}}\sqrt{\frac{r_P - r_0\sin\alpha}{r_P + r_0\sin\alpha}} + \frac{\mu\sqrt{p}}{r_P}$$

$$(2.2\text{-}23)$$

在上边界 $A_0 A_{\frac{\pi}{2}} A_\pi$ 处，函数 f 的值为

$$f_A = v_{II_0}\sqrt{\frac{r_A - r_0}{r_A}}\sqrt{\frac{r_A - r_0\sin\alpha}{r_A + r_0\sin\alpha}} + \frac{\mu\sqrt{p}}{r_A} \qquad (2.2\text{-}24)$$

f 在每个边界上都只有一个极小值点即 $A_{\frac{\pi}{2}}$ 和 $P_{\frac{\pi}{2}}$，对应于 $\alpha = \frac{\pi}{2}$，函数 f 的这两个极小值为

$$f_P\left(\frac{\pi}{2}\right) = \sqrt{\frac{2\mu^2}{r_0}}\sqrt{\frac{r_P - r_0}{r_P + r_0}}\left(\frac{r_P - r_0}{r_P}\right) + \frac{\mu\sqrt{p}}{r_P} \qquad (2.2\text{-}25)$$

$$f_A\left(\frac{\pi}{2}\right) = \sqrt{\frac{2\mu^2}{r_0}}\sqrt{\frac{r_A}{r_A + r_0}}\left(\frac{r_A - r_0}{r_A}\right) + \frac{\mu\sqrt{p}}{r_A} \qquad (2.2\text{-}26)$$

现在来证明：当 $r_0 < r_P$ 时，$f_A\left(\frac{\pi}{2}\right) < f_P\left(\frac{\pi}{2}\right)$。

通过直接计算知，当 $r_0 = r_P$ 时

$$f_P\left(\frac{\pi}{2}\right) = f_A\left(\frac{\pi}{2}\right)$$

若记

$$\varphi(r_0) = f_P\left(\frac{\pi}{2}\right) - f_A\left(\frac{\pi}{2}\right)$$

则上式表示

$$\varphi(r_P) = 0$$

当 $r_0 < r_P$ 时，求出导数并经过计算后可知

$$\frac{\partial \varphi}{\partial r_0} < 0$$

因此当 $r_0 < r_P$ 时有

$$f_P\left(\frac{\pi}{2}\right) - f_A\left(\frac{\pi}{2}\right) > 0$$

即

$$f_A\left(\frac{\pi}{2}\right) < f_P\left(\frac{\pi}{2}\right)$$

函数 f 的图形如图 2-13 所示。

上述关系式仅在 $\alpha = \frac{\pi}{2}$ 时成立。

如果 $\alpha \neq \frac{\pi}{2}$，则可能有 $f_P(\alpha) < f_A(\alpha)$，例如当 α 较小且 $r_0 \to r_P$ 时，就有这种情况，这可以通过具体计算来证实。

至此可以作出结论：对于所论的最佳发射轨道问题，其最佳发射轨道的被动段为由目标轨道远地点进入的霍曼轨道，$\alpha = \frac{\pi}{2}$（见图 2-14）。

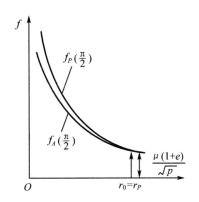

图 2-13　$r_0 < r_P$ 时发射优化分析(5)

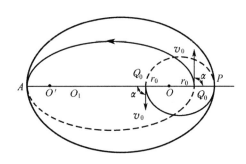

图 2-14　$r_0 < r_P$ 时最佳发射轨道(1)

由于在起点 Q_0 处的 α 角为 $\frac{\pi}{2}$，因此上述结论也包含了由圆周轨道向高椭圆轨道的最佳双冲击切向过渡。

2.3 一些有关性质的证明

（1）求证当 $r_0 < r_P$ 时，$\lambda < p$ [其中 $r_P = a(1-e)$，$p = a(1-e^2)$]

证明

$$\lambda = \frac{u^2 r_0^2 \sin^2\alpha}{\mu^2} = \left(\frac{2\mu^2}{r_0} - \frac{\mu^2}{a}\right)\frac{r_0^2 \sin^2\alpha}{\mu^2} = \left(\frac{2}{r_0} - \frac{1}{a}\right)r_0^2 \sin^2\alpha$$

$$= \left(2 - \frac{r_0}{a}\right)r_0 \sin^2\alpha \leqslant \left(2 - \frac{r_0}{a}\right)r_0$$

若记

$$\varphi(r_0) = \left(2 - \frac{r_0}{a}\right)r_0$$

那么

$$\frac{\partial\varphi}{\partial r_0} = 2 - 2\frac{r_0}{a} = 2\left(1 - \frac{r_0}{a}\right) > 0$$

所以

$$\lambda \leqslant \left(2 - \frac{r_0}{a}\right)r_0 = \varphi(r_0) < \left(2 - \frac{r_P}{a}\right)r_P = \left[2 - \frac{a(1-e)}{a}\right]a(1-e)$$

$$= (1+e)a(1-e) = p$$

即

$$\lambda < p$$

（2）求证 r_T 是 v_0 的单调增函数

证明

$$r_T = \frac{2(p-p)'aa'}{ap - a'p'}$$

$$p' = \frac{v_0^2 r_0^2 \sin^2\alpha}{\mu^2}$$

$$a' = \frac{\mu^2}{\dfrac{2\mu^2}{r_0} - v_0^2}$$

若记

$$v_0^2 = \eta$$

则有

$$\frac{\partial p'}{\partial\eta} = \frac{r_0^2 \sin^2\alpha}{\mu^2}$$

$$\frac{\partial a'}{\partial \eta} = \frac{\mu^2}{\left(\dfrac{2\mu^2}{r_0} - v_0^2\right)^2} = \frac{(a')^2}{\mu^2}$$

所以计算后有

$$\frac{1}{2a}\frac{\partial r_T}{\partial \eta} = \frac{1}{(ap - a'p')^2}\left\{\frac{\partial\left[(p-p')a'\right]}{\partial \eta}(ap - a'p') + a'(p-p')\frac{\partial(a'p')}{\partial \eta}\right\}$$

$$\frac{(ap - a'p')^2}{2a}\frac{\partial r_T}{\partial \eta} = \left\{\left[\frac{\partial a'}{\partial \eta}(p-p') - \frac{\partial p'}{\partial \eta}a'\right](pa - a'p') + \right.$$

$$\left. a'(p-p')\left(p'\frac{\partial a'}{\partial \eta} + a'\frac{\partial p'}{\partial \eta}\right)\right\}$$

$$= ap(p-p')\frac{(a')^2}{\mu^2} - a'p(a-a')\frac{r_0^2\sin^2\alpha}{\mu^2}$$

再记

$$g = \frac{(ap - a'p')^2}{2aa'}\frac{\partial r_T}{\partial \eta}\frac{\mu^2}{p} = a(p-p')a' - (a-a')r_0^2\sin^2\alpha$$

从

$$a' = \frac{\mu^2}{\dfrac{2\mu^2}{r_0} - v_0^2}$$

可得

$$v_0^2 = \left(\frac{2}{r_0} - \frac{1}{a'}\right)\mu^2$$

所以

$$p' = \frac{v_0^2 r_0^2 \sin^2\alpha}{\mu^2} = \frac{\left(\dfrac{2}{r_0} - \dfrac{1}{a'}\right)\mu^2 r_0^2 \sin^2\alpha}{\mu^2} = \left(\frac{2}{r_0} - \frac{1}{a'}\right)r_0^2 \sin^2\alpha$$

所以

$$g = aa'\left[p - \left(\frac{2}{r_0} - \frac{1}{a'}\right)r_0^2\sin^2\alpha\right] - (a-a')r_0^2\sin^2\alpha$$

$$= aa'\left(p - 2r_0\sin^2\alpha + \frac{r_0^2}{a'}\sin^2\alpha\right) - (ar_0^2\sin^2\alpha - a'r_0^2\sin^2\alpha)$$

$$= aa'p - 2r_0aa'\sin^2\alpha + ar_0^2\sin^2\alpha - ar_0^2\sin^2\alpha + a'r_0^2\sin^2\alpha$$

$$= aa'p - 2r_0aa'\sin^2\alpha + a'r_0^2\sin^2\alpha$$

$$= a'\sin^2\alpha\left(r_0^2 - 2ar_0 + \frac{ap}{\sin^2\alpha}\right)$$

$$= a'\sin^2\alpha\left[(a-r_0)^2 - a^2 + \frac{a^2(1-e^2)}{\sin^2\alpha}\right]$$

$$= a'\sin^2\alpha\left[(a-r_0)^2 + \frac{a^2 - a^2\sin^2\alpha - a^2e^2}{\sin^2\alpha}\right]$$

$$= a' \sin^2\alpha \left[(a - r_0)^2 + \frac{a^2 \cos^2\alpha - a^2 e^2}{\sin^2\alpha} \right]$$

$$> a' \sin^2\alpha \left\{ [a - a(1-e)]^2 + \frac{a^2(\cos^2\alpha - e^2)}{\sin^2\alpha} \right\}$$

$$= a' \sin^2\alpha \left(a^2 e^2 + \frac{a^2 \cos^2\alpha - a^2 e^2}{\sin^2\alpha} \right)$$

$$= a' \sin^2\alpha \left(\frac{a^2 e^2 \sin^2\alpha + a^2 \cos^2\alpha - a^2 e^2}{\sin^2\alpha} \right)$$

$$= a' a^2 \cos^2\alpha (1 - e^2) = a a' p \cos^2\alpha \geqslant 0$$

所以

$$\frac{\partial r_T}{\partial \eta} > 0$$

（3）确定 v_0 的变化范围

前面已证明了 r_T 随着 v_0 的增大而单调上升，因此 v_0 最小相当于 r_T 最小；v_0 最大相当于 r_T 最大。这样就可以从 r_T 的表达式确定出 v_0 的上、下限；也可以用下述的办法确定 v_0 的上、下限。

当 $r_T = r_P$ 时，显然有

$$r_T = r_P = a(1-e) = a'(1+e')$$

从

$$a(1-e) = a'(1+e')$$

可得

$$e' = \frac{a}{a'}(1-e) - 1$$

$$(e')^2 = \left(\frac{a}{a'}\right)^2 (1-e)^2 - 2\frac{a}{a'}(1-e) + 1$$

$$1 - (e')^2 = 2\frac{a}{a'}(1-e) - \left(\frac{a}{a'}\right)^2 (1-e)^2$$

$$= \frac{a}{a'}(1-e)\left[2 - \frac{a}{a'}(1-e)\right]$$

$$= \frac{r_P}{a'}\left(2 - \frac{r_P}{a'}\right)$$

但是

$$a' = \frac{\mu^2}{\dfrac{2\mu^2}{r_0} - v_0^2}$$

$$1 - (e')^2 = \frac{v_0^2 r_0^2 \sin^2\alpha}{\mu^4}\left(\frac{2\mu^2}{r_0} - v_0^2\right)$$

所以

$$\frac{v_0^2 r_0^2 \sin^2\alpha}{\mu^4}\left(\frac{2\mu^2}{r_0}-v_0^2\right)=r_P\frac{\dfrac{2\mu^2}{r_0}-v_0^2}{\mu^2}\left(2-r_P\frac{\dfrac{2\mu^2}{r_0}-v_0^2}{\mu^2}\right)$$

$$\frac{v_0^2 r_0^2 \sin^2\alpha}{\mu^2}=2r_P-r_P^2\frac{\dfrac{2\mu^2}{r_0}-v_0^2}{\mu^2}=2r_P-\frac{2r_P^2}{r_0}+\frac{r_P^2 v_0^2}{\mu^2}$$

所以

$$\left(\frac{r_0^2\sin^2\alpha}{\mu^2}-\frac{r_P^2}{\mu^2}\right)v_0^2=\frac{2r_P r_0-2r_P^2}{r_0}$$

$$v_0^2=\frac{2\mu^2}{r_0}\frac{r_P(r_P-r_0)}{r_P^2-r_0^2\sin^2\alpha}$$

所以

$$v_{0P}=\sqrt{\frac{2\mu^2}{r_0}}\sqrt{\frac{r_P(r_P-r_0)}{r_P^2-r_0^2\sin^2\alpha}}$$

同理

$$v_{0A}=\sqrt{\frac{2\mu^2}{r_0}}\sqrt{\frac{r_A(r_A-r_0)}{r_A^2-r_0^2\sin^2\alpha}}$$

（4）求证函数

$$f=v_0+\sqrt{u^2-v_0^2}\sqrt{\frac{\mu\sqrt{p}-v_0 r_0\sin\alpha}{\mu\sqrt{p}+v_0 r_0\sin\alpha}}$$

在约束区域 D_2 内无极小值。这里

$$u^2=\frac{2\mu^2}{r_0}-\frac{\mu^2}{a}$$

$$r_0<r_P=a(1-e)$$

证明

$$\frac{\partial f}{\partial v_0}=1-\frac{v_0}{\sqrt{u^2-v_0^2}}\sqrt{\frac{\mu\sqrt{p}-v_0 r_0\sin\alpha}{\mu\sqrt{p}+v_0 r_0\sin\alpha}}-\sqrt{u^2-v_0^2}\times$$

$$\sqrt{\frac{\mu\sqrt{p}+v_0 r_0\sin\alpha}{\mu\sqrt{p}-v_0 r_0\sin\alpha}}\frac{r_0\mu\sqrt{p}\sin\alpha}{(\mu\sqrt{p}+v_0 r_0\sin\alpha)^2}\frac{v_0}{v_0}$$

$$=1-\frac{v_0}{\sqrt{u^2-v_0^2}}\sqrt{\frac{\mu\sqrt{p}-\mu\sqrt{p'}}{\mu\sqrt{p}+\mu\sqrt{p'}}}-\frac{\sqrt{u^2-v_0^2}}{v_0}\frac{\mu^2\sqrt{pp'}}{(\mu\sqrt{p}+\mu\sqrt{p'})^2}\frac{(\sqrt{p}+\sqrt{p'})^{\frac{1}{2}}}{(\sqrt{p}-\sqrt{p'})^{\frac{1}{2}}}$$

$$=1-\frac{v_0}{\sqrt{u^2-v_0^2}}\sqrt{\frac{\sqrt{p}-\sqrt{p'}}{\sqrt{p}+\sqrt{p'}}}-\sqrt{\frac{u^2-v_0^2}{v_0^2}}\frac{\sqrt{pp'}}{(\sqrt{p}+\sqrt{p'})^{\frac{3}{2}}}\frac{1}{(\sqrt{p}-\sqrt{p'})^{\frac{1}{2}}}$$

$$= 1 - \frac{v_0}{\sqrt{u^2 - v_0^2}} \frac{(\sqrt{p} - \sqrt{p'})^{\frac{1}{2}} v_0 (\sqrt{p} + \sqrt{p'})(\sqrt{p} - \sqrt{p'})^{\frac{1}{2}}}{(\sqrt{p} + \sqrt{p'})^{\frac{1}{2}} v_0 (\sqrt{p} + \sqrt{p'})(\sqrt{p} - \sqrt{p'})^{\frac{1}{2}}} -$$

$$\frac{\sqrt{u^2 - v_0^2}}{v_0} \frac{\sqrt{pp'}}{(\sqrt{p} + \sqrt{p'})^{\frac{3}{2}}} \frac{\sqrt{u^2 - v_0^2}}{\sqrt{u^2 - v_0^2}} \frac{1}{(\sqrt{p} - \sqrt{p'})^{\frac{1}{2}}}$$

$$= 1 - \frac{v_0^2 (p - p') + (u^2 - v_0^2) \sqrt{pp'}}{v_0 \sqrt{u^2 - v_0^2} (p - p')^{\frac{1}{2}} (\sqrt{p} + \sqrt{p'})} \frac{\sqrt{p} - \sqrt{p'}}{\sqrt{p} - \sqrt{p'}}$$

$$= 1 - \frac{(\sqrt{p} - \sqrt{p'}) \left[(p - p') + \frac{u^2 - v_0^2}{v_0^2} \sqrt{pp'} \right]}{\frac{\sqrt{u^2 - v_0^2}}{v_0} (p - p')^{\frac{3}{2}}}$$

$$= 1 - \frac{V}{W} = \frac{W - V}{W} = -\frac{V - W}{W}$$

其中

$$V = (\sqrt{p} - \sqrt{p'}) \left[(p - p') + \frac{u^2 - v_0^2}{v_0^2} \sqrt{pp'} \right] > 0$$

$$W = \frac{\sqrt{u^2 - v_0^2}}{v_0} (p - p')^{\frac{3}{2}} > 0$$

引入

$$F = V^2 - W^2 = (\sqrt{p} - \sqrt{p'})^2 \left[(p - p') + \frac{u^2 - v_0^2}{v_0^2} \sqrt{pp'} \right]^2 - \frac{u^2 - v_0^2}{v_0^2} (p - p')^3$$

$$= (\sqrt{p} - \sqrt{p'})^2 \left[(p - p')^2 + 2(p - p') \frac{u^2 - v_0^2}{v_0^2} \sqrt{pp'} + \right.$$

$$\left. \frac{(u^2 - v_0^2)^2}{v_0^4} (pp') \right] - \frac{u^2 - v_0^2}{v_0^2} (p - p')^3$$

$$= (\sqrt{p} - \sqrt{p'})^2 \left\{ (p - p')^2 + \frac{u^2 - v_0^2}{v_0^2} (p - p') \times \right.$$

$$\left[2\sqrt{pp'} - (\sqrt{p} + \sqrt{p'})^2 \right] + \frac{(u^2 - v_0^2)^2}{v_0^4} (pp') \right\}$$

$$= (\sqrt{p} - \sqrt{p'})^2 \left\{ (p - p')^2 - \frac{u^2 - v_0^2}{v_0^2} (p - p')(p + p') + \frac{(u^2 - v_0^2)^2}{v_0^4} (pp') \right\}$$

$$= (\sqrt{p} - \sqrt{p'})^2 \left\{ (p - p')^2 - \frac{u^2 - v_0^2}{v_0^2} [p^2 - (p')^2] + \frac{(u^2 - v_0^2)^2}{v_0^4} (pp') \right\}$$

$$= (\sqrt{p} - \sqrt{p'})^2 \left\{ p^2 - 2pp' + (p')^2 - \left(\frac{u^2}{v_0^2} - 1 \right) [p^2 - (p')^2] + \left(\frac{u^2}{v_0^2} - 1 \right)^2 (pp') \right\}$$

因为

$$\frac{u^2}{v_0^2} = \frac{u^2 r_0^2 \sin^2 \alpha}{\mu^2} \frac{\mu^2}{v_0^2 r_0^2 \sin^2 \alpha} = \frac{\lambda}{p'}$$

所以

$$F = (\sqrt{p} - \sqrt{p'})^2 \left\{ [p^2 - 2pp' + (p')^2] - \left(\frac{\lambda}{p'} - 1\right) \times \right.$$

$$\left. [p^2 - (p')^2] + \left(\frac{\lambda}{p'} - 1\right)^2 (pp') \right\}$$

$$= (\sqrt{p} - \sqrt{p'})^2 \left\{ p^2 - 2pp' + (p')^2 - \left[\frac{\lambda p^2}{p'} - p^2 - \lambda p' + (p')^2\right] + \right.$$

$$\left. \left[\frac{\lambda^2}{(p')^2} - 2\frac{\lambda}{p'} + 1\right] pp' \right\}$$

$$= (\sqrt{p} - \sqrt{p'})^2 \left(2p^2 - pp' - \frac{\lambda p^2}{p'} + \lambda p' + \frac{\lambda^2 p}{p'} - 2\lambda p \right)$$

$$= (\sqrt{p} - \sqrt{p'})^2 \left[2p(p - \lambda) - p'(p - \lambda) - \frac{\lambda p}{p'}(p - \lambda) \right]$$

$$= (\sqrt{p} - \sqrt{p'})^2 (p - \lambda) \left(2p - p' - \frac{\lambda p}{p'} \right)$$

$$= (\sqrt{p} - \sqrt{p'})^2 (p - \lambda) \frac{1}{p'} [2pp' - (p')^2 - \lambda p]$$

$$= (\sqrt{p} - \sqrt{p'})^2 (\lambda - p) \frac{1}{p'} [(p')^2 - 2pp' + \lambda p]$$

引入

$$g = \frac{-Fp'}{(\sqrt{p} - \sqrt{p'})^2 (p - \lambda)} = (p')^2 - 2pp' + \lambda p$$

当 $r_0 < r_P$ 时，已知 $(p - \lambda) > 0$，所以

$$b^2 - 4ac = 4p^2 - 4p\lambda = 4p(p - \lambda) > 0$$

故知

$$(p')^2 - 2pp' + \lambda p = 0$$

有两个根

$$p'_1 = p - \sqrt{p(p - \lambda)}$$

$$p'_2 = p + \sqrt{p(p - \lambda)}$$

显见它们均为正根。

由于考虑的是内切情况 $p' < p$，所以 p'_2 应舍去，故根为

$$p'_1 = p - \sqrt{p(p - \lambda)}$$

在 p'_1 的左边，g 为正，故 F 为负，从而 $\frac{\partial f}{\partial v_0} > 0$。

在 p'_1 的右边，g 为负，故 F 为正，从而 $\frac{\partial f}{\partial v_0} < 0$。

所以与 p_1' 对应之 v_0^* 必为 f 之极大点；所以函数 f 在区域 D_2 内无极小点。

（5）求证 $f_A\left(\dfrac{\pi}{2}\right) < f_P\left(\dfrac{\pi}{2}\right)$

证明

$$f = v_0 + \Delta v_1 = v_0 + v_1 - v_1' = v_0 + \frac{\mu\sqrt{p}}{r_T \sin\beta} - \frac{v_0 r_0 \sin\alpha}{r_T \sin\beta}$$

当在近地点 P 进入时

$$r_T = r_P = \frac{p}{1+e}, \quad \sin\beta = 1$$

当在远地点 A 进入时

$$r_T = r_A = \frac{p}{1-e}, \quad \sin\beta = 1$$

又

$$v_{0P}\left(\frac{\pi}{2}\right) = v_{\text{II}_0}\sqrt{\frac{r_P}{r_P + r_0}}$$

$$v_{0A}\left(\frac{\pi}{2}\right) = v_{\text{II}_0}\sqrt{\frac{r_A}{r_A + r_0}}$$

$$v_{\text{II}_0} = \sqrt{\frac{2\mu^2}{r_0}}$$

所以

$$f_P\left(\frac{\pi}{2}\right) = v_{\text{II}_0}\sqrt{\frac{r_P}{r_P + r_0}} + \frac{\mu\sqrt{p}}{r_P} - v_{\text{II}_0}\sqrt{\frac{r_P}{r_P + r_0}}\frac{r_0}{r_P}$$

$$= v_{\text{II}_0}\sqrt{\frac{r_P}{r_P + r_0}}\left(\frac{r_P - r_0}{r_P}\right) + \frac{\mu\sqrt{p}}{r_P}$$

同理

$$f_A\left(\frac{\pi}{2}\right) = v_{\text{II}_0}\sqrt{\frac{r_A}{r_A + r_0}}\left(\frac{r_A - r_0}{r_A}\right) + \frac{\mu\sqrt{p}}{r_A}$$

当 $r_0 = r_P$ 时

$$f_P\left(\frac{\pi}{2}\right) = \frac{\mu\sqrt{p}}{r_P} = \mu\sqrt{p}\,\frac{1+e}{p} = \frac{\mu(1+e)}{\sqrt{p}}$$

$$f_A\left(\frac{\pi}{2}\right) = \sqrt{\frac{2\mu^2}{r_P}}\sqrt{\frac{r_A}{r_A + r_P}}\left(\frac{r_A - r_P}{r_A}\right) + \frac{\mu\sqrt{p}}{r_A} = \frac{\mu(1+e)}{\sqrt{p}}$$

所以当 $r_0 = r_P$ 时

$$f_P\left(\frac{\pi}{2}\right) = f_A\left(\frac{\pi}{2}\right)$$

我们记

$$\varphi(r_0) = f_P\left(\frac{\pi}{2}\right) - f_A\left(\frac{\pi}{2}\right)$$

若能证明当 $r_0 < r_P$ 时有

$$\frac{\partial \varphi(r_0)}{\partial r_0} < 0$$

则有

$$f_P\left(\frac{\pi}{2}\right) - f_A\left(\frac{\pi}{2}\right) > 0$$

即

$$f_P\left(\frac{\pi}{2}\right) > f_A\left(\frac{\pi}{2}\right)$$

事实上当 $r_0 < r_P$ 时

$$\varphi(r_0) = \sqrt{\frac{2\mu^2}{r_0}}\sqrt{\frac{r_P}{r_P+r_0}}\left(\frac{r_P-r_0}{r_P}\right) - \sqrt{\frac{2\mu^2}{r_0}} \times$$

$$\sqrt{\frac{r_A}{r_A+r_0}}\left(\frac{r_A-r_0}{r_A}\right) + \left(\frac{\mu\sqrt{p}}{r_P} - \frac{\mu\sqrt{p}}{r_A}\right)$$

$$= \sqrt{\frac{2\mu^2}{r_P}}\frac{r_P-r_0}{\sqrt{r_0(r_P+r_0)}} - \sqrt{\frac{2\mu^2}{r_A}}\frac{r_A-r_0}{\sqrt{r_0(r_A+r_0)}} + \mu\sqrt{p}\left(\frac{1}{r_P} - \frac{1}{r_A}\right)$$

$$\frac{\partial \varphi(r_0)}{\partial r_0} = -\sqrt{\frac{2\mu^2}{r_P}}\frac{1}{r_0(r_P+r_0)}\left[\sqrt{r_0(r_P+r_0)} + (r_P-r_0)\frac{1}{2}\frac{r_P+2r_0}{\sqrt{r_0(r_P+r_0)}}\right] + \boxed{A}$$

$$= -\sqrt{\frac{2\mu^2}{r_P}}\frac{1}{[r_0(r_P+r_0)]^{\frac{3}{2}}}\left[r_0(r_P+r_0) + \frac{1}{2}(r_P-r_0)(r_P+2r_0)\right] + \boxed{A}$$

$$= -\sqrt{\frac{2\mu^2}{r_P}}\frac{1}{[r_0(r_P+r_0)]^{\frac{3}{2}}}\left(\frac{3}{2}r_0r_P + \frac{r_P^2}{2}\right) + \boxed{A}$$

$$= \frac{-1}{2r_0}\sqrt{\frac{2\mu^2}{r_0}}\frac{(r_P)^{\frac{1}{2}}(r_P+3r_0)}{(r_P+r_0)^{\frac{3}{2}}} + \frac{1}{2r_0}\sqrt{\frac{2\mu^2}{r_0}}\frac{(r_A)^{\frac{1}{2}}(r_A+3r_0)}{(r_A+r_0)^{\frac{3}{2}}}$$

其中

$$\boxed{A} = \frac{1}{2r_0}\sqrt{\frac{2\mu^2}{r_0}}\frac{(r_A)^{\frac{1}{2}}(r_A+3r_0)}{(r_A+r_0)^{\frac{3}{2}}}$$

现在再引入

$$\Psi(r, r_0) = \frac{r^{\frac{1}{2}}(r+3r_0)}{(r+r_0)^{\frac{3}{2}}}$$

则有

$$\frac{\partial \Psi}{\partial r} = \frac{1}{(r+r_0)^3} \left[\frac{\partial (r^{\frac{3}{2}} + 3r_0 r^{\frac{1}{2}})}{\partial r} (r+r_0)^{\frac{3}{2}} - r^{\frac{1}{2}}(r+3r_0) \frac{\partial (r+r_0)^{\frac{3}{2}}}{\partial r} \right]$$

$$= \frac{1}{(r+r_0)^3} \left[\left(\frac{3}{2} r^{\frac{1}{2}} + \frac{3}{2} \frac{r_0}{\sqrt{r}} \right) (r+r_0)^{\frac{3}{2}} - r^{\frac{1}{2}}(r+3r_0) \frac{3}{2}(r+r_0)^{\frac{1}{2}} \right]$$

$$= \frac{1}{(r+r_0)^3} (r+r_0)^{\frac{1}{2}} \frac{3}{2} \left[\left(r^{\frac{1}{2}} + \frac{r_0}{\sqrt{r}} \right) (r+r_0) - r^{\frac{1}{2}}(r+3r_0) \right]$$

$$= \frac{3}{2} \frac{(r+r_0)^{\frac{1}{2}}}{(r+r_0)^3} \frac{1}{\sqrt{r}} \left[(r+r_0)(r+r_0) - r(r+3r_0) \right]$$

$$= \frac{3}{2} \frac{(r+r_0)^{\frac{1}{2}}}{(r+r_0)^3} \frac{1}{\sqrt{r}} r_0(r_0-r) < 0$$

因为

$$r \in [r_P, r_A] \text{ 而 } r_0 < r_P$$

所以

$$\Psi(r_A, r_0) < \Psi(r_P, r_0)$$

故当 $r_0 < r_P$ 时有

$$\frac{\partial \varphi(r_0)}{\partial r_0} < 0$$

从而得

$$f_A\left(\frac{\pi}{2}\right) < f_P\left(\frac{\pi}{2}\right)$$

2.4　发射人造地球卫星的最佳轨道(Ⅱ)

假定卫星在始端 r_0 具有速度 v_0，其方向角 α 可任意调整，而且 r_0 小于目标轨道远地点的距离 r_A，而大于近地点的距离 r_P。需求卫星由始端到目标轨道的最佳切向发射轨道。

本节所要求的最佳发射轨道和由圆周向相交的椭圆轨道最佳过渡时的情况不同。对于后一种情况已经证明：最佳双冲击切向过渡是由目标轨道的远地点 A 进入的霍曼轨道。

分析按两段进行。第一，进入点在预定目标轨道 E_2 上的 $Q_1 A_2 Q_1'$ 段；第二，进入点在 E_2 上的 $Q_1 P_2 Q_1'$ 段。

(1) 进入点 T 在椭圆 E_2 上的 $Q_1 A_2 Q_1'$ 段，$r_T \geqslant r_0$

1) 假定发射轨道 E_3 的始端 Q_0 在目标运行轨道 E_2 的内部。此时在进入点 T 处要加速，故所需的速度总值为

$$f = v_0 + (v_T - v_T')$$

其中

$$v_0 = \mu \sqrt{\frac{2}{r_0} - \frac{1}{a_3}} \quad \text{—— 发射轨道 } E_3 \text{ 上在 } Q_0 \text{ 处的速度;}$$

$$v'_T = \mu \sqrt{\frac{2}{r_T} - \frac{1}{a_3}} \quad \text{—— 发射轨道 } E_3 \text{ 上在进入点 } T \text{ 处的速度;}$$

$$v_T = \mu \sqrt{\frac{2}{r_T} - \frac{1}{a_2}} \quad \text{—— 目标轨道 } E_2 \text{ 上在进入点 } T \text{ 处的速度;}$$

而 a_3 和 a_2 则分别为发射轨道和目标轨道的半长轴。所以

$$f = \mu \left(\sqrt{\frac{2}{r_0} - \frac{1}{a_3}} - \sqrt{\frac{2}{r_T} - \frac{1}{a_3}} + \sqrt{\frac{2}{r_T} - \frac{1}{a_2}} \right)$$

现在给定 T 的位置来考察 Q_0 点参数改变时 f 的变化。对于同一进入点 T,可以采用无数不同的发射椭圆轨道。一方面由于这些椭圆的第 2 焦点 O_3 必在连线 $O_2 T$ 上(见图 2-15),

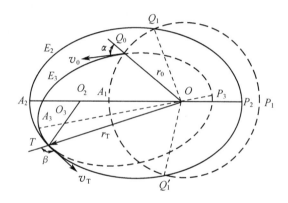

图 2-15 $r_P < r_0 < r_A$ 时发射优化分析(1)

另一方面则由于 $r_T \geqslant r_0$,所以

$$\frac{\partial f}{\partial a_3} = \frac{\mu}{2a_3^2} \left(\frac{1}{\sqrt{\frac{2}{r_0} - \frac{1}{a_3}}} - \frac{1}{\sqrt{\frac{2}{r_T} - \frac{1}{a_3}}} \right) \leqslant 0$$

因此对于同一进入点 T,为使 f 最小,a_3 应尽可能大,这相当于要求 $O_3 \to O_2$,$Q_0 \to Q_1$,即惯性轨道收缩为一点。

显见上述结论与进入点 T 选在目标轨道 E_2 上的 $Q_1 A_2 Q'_1$ 段何处无关。

2) 假定 Q_0 在 E_2 的外面(见图 2-16),此时在进入点要减速,所需的速度总值为

$$f = v_0 + v'_T - v_T = \mu \left(\sqrt{\frac{2}{r_0} - \frac{1}{a_3}} + \sqrt{\frac{2}{r_T} - \frac{1}{a_3}} - \sqrt{\frac{2}{r_T} - \frac{1}{a_2}} \right)$$

现在发射轨道 E_3 外切于目标轨道 E_2,对于同一进入点 T,也可采用无数不同的发射轨道。一方面由于这些椭圆的第 2 焦点 O_3 必在 TO_2 的延长线上,另一方面由于这时

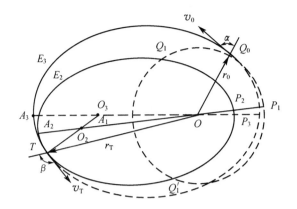

图 2-16 $r_P < r_0 < r_A$ 时发射优化分析(2)

$$\frac{\partial f}{\partial a_3} = \frac{\mu}{2a_3^2}\left(\frac{1}{\sqrt{\frac{2}{r_0} - \frac{1}{a_3}}} + \frac{1}{\sqrt{\frac{2}{r_T} - \frac{1}{a_3}}}\right) \geqslant 0$$

所以为使 f 最小，a_3 应尽可能小；这相当于要求 $O_3 \to O_2$，$Q_0 \to Q_1$；结果和(1)之 1)一样，也要求由 Q_1 处进入。

（2）进入点 T 在 E_2 的 $Q_1'P_2Q_1$ 段，$r_T \leqslant r_0$

考虑始端 Q_0 在 E_2 的内部情况（因为任何外部进入我们都可容易地证明它为不好），此时在进入点要加速（见图 2-17），所需的速度总值为

$$f = v_0 + v_T - v_T'$$

因为

$$r_T \leqslant r_0$$

我们可得

$$\frac{\partial f}{\partial a_3} \geqslant 0$$

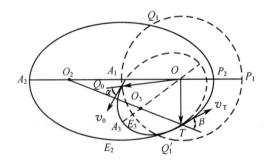

图 2-17 $r_P < r_0 < r_A$ 时发射优化分析(3)

所以，对于给定的进入点 T 而言，为使 f 最小，则 a_3 应尽可能小，a_3 不断减小，发射椭圆与圆周 r_0 的两个交点也越来越凑近而重合。所以当 a_3 取可能的最小值时，发射椭圆 E_3 应

以其远地点 A_3 与圆周 r_0 相切，这个切点决定了发射轨道的始端 Q_0，对应的 $\alpha = \dfrac{\pi}{2}$。

剩下的问题是要在 $Q_1' P_2 Q_1$ 上选择最佳的进入点 T，为此需要考虑 r_T 与 v_0 之间的关系。

可以证明，对于现在的情况 $\left(\alpha = \dfrac{\pi}{2}\right)$，当 $r_A > r_0 > r_P$ 时，有

$$\frac{\partial r_T}{\partial v_0} < 0$$

因为

$$r_T = \frac{2(p - p')aa'}{ap - a'p'}$$

记 $\eta = v_0^2$，则

$$p' = \frac{v_0^2 r_0^2 \sin^2 \alpha}{\mu^2}$$

$$\frac{\partial p'}{\partial \eta} = \frac{r_0^2 \sin^2 \alpha}{\mu^2}$$

$$a' = \frac{\mu^2}{\dfrac{2\mu^2}{r_0} - v_0^2}$$

$$\frac{\partial a'}{\partial \eta} = \frac{\mu^2}{\left(\dfrac{2\mu^2}{r_0} - v_0^2\right)^2} = \frac{(a')^2}{\mu^2}$$

经过类似 2.3 节中的有关计算，我们可得

1）当 $r_0 < a$ 时

$$g = \frac{(ap - a'p')^2}{2aa'} \frac{\partial r_T}{\partial \eta} \frac{\mu^2}{p} = a'[(a - r_0)^2 - a^2 e^2] < a'[(a - r_P)^2 - e^2 a^2]$$

而

$$a'[(a - r_P)^2 - e^2 a^2] = a'\{[a - a(1 - e)]^2 - a^2 e^2\} = 0$$

因此当 $r_0 < a$ 时，$\dfrac{\partial r_T}{\partial v_0} < 0$。

2）当 $r_0 \geqslant a$ 时

$$g = a'[(r_0 - a)^2 - a^2 e^2] < a'[(r_A - a)^2 - a^2 e^2]$$

$$= a'\{[a(1 + e) - a]^2 - a^2 e^2\} = 0$$

因此当 $r_A > r_0 > r_P$ 时有

$$\frac{\partial r_T}{\partial v_0} < 0$$

故知 r_T 为 v_0 的单调减函数。

由此可知，当由 Q_1 进入时，对应的 r_T 取可能的最大值，v_0 取可能的最小值。而当由 P_2

进入时，对应的 r_T 取可能的最小值，v_0 取可能的最大值。

又因为对于现在的情况 $\left(\alpha=\dfrac{\pi}{2}\right)$ 我们有

$$f = v_0 + v_T - v'_T = v_0 + \frac{\mu\sqrt{p_2} - \mu\sqrt{p_3}}{r_T \sin\beta}$$

$$\frac{\partial f}{\partial v_0} = 1 - \frac{(\sqrt{p_2} - \sqrt{p_3})\left[(p_2 - p_3) + \sqrt{p_2 p_3}\,\dfrac{u^2 - v_0^2}{v_0^2}\right]}{\dfrac{\sqrt{u^2 - v_0^2}}{v_0}(p_2 - p_3)^{\frac{3}{2}}} = 1 - \frac{V}{W}$$

$$F = V^2 - W^2 = \frac{(\sqrt{p_2} - \sqrt{p_3})^2}{p_3}(\lambda - p_2)(p_3^2 - 2p_2 p_3 + \lambda p_2)$$

$$u^2 = \frac{2\mu^2}{r_0} - \frac{\mu^2}{a_2}$$

$$\lambda = \frac{u^2 r_0^2}{\mu^2} = \left(2 - \frac{r_0}{a_2}\right)r_0$$

故对于所论的情况

$$r_{P_2} < r_0 < r_{A_2} = (2a_2 - r_{P_2})$$

即相当于图 2-18 的阴影部分所示的 λ 曲线的一部分，显见有 $\lambda > p_2$，从而

$$p_3^2 - 2p_2 p_3 + \lambda p_2 = (p_3 - p_2)^2 + p_2(\lambda - p_2) > 0$$

所以

$$F > 0$$

$$\frac{\partial f}{\partial v_0} < 0$$

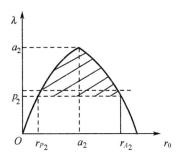

图 2-18　$r_P < r_0 < r_A$ 时发射优
化分析(4)

这表示 T 的最佳选择位置要求 v_0 尽可能大，即当由近地点 P_2 进入时，f 取最小值。

直接比较后可知，情况(2)的最佳值也优于在 Q_1 点直接进入的情况。故可作出结论：当 $r_{P_2} < r_0 < r_{A_2}$ 时，最佳发射轨道由目标轨道的近地点 P_2 进入。对应地，发射轨道 Q_0 端处在长轴上与 P_2 相对的一边，而速度 v_0 的方向与长轴垂直，$\alpha = \dfrac{\pi}{2}$。最佳发射所需的速度总增值为

$$f_{\min} = f_{A_1}^{p_2} = \frac{\mu\sqrt{p_2}}{r_{P_2}} - \sqrt{\frac{2\mu^2(r_0 - r_{P_2})^2}{r_{P_2} r_0(r_0 + r_{P_2})}}$$

对于圆周轨道与相交椭圆轨道的最佳过渡问题，参考文献[4]已指出，最佳过渡是由椭圆轨道的远地点 A_2 进入的双外切轨道。这个结论不同于上述所得的结果。

以上讨论可见图 2-19 和图 2-20。

此外，本节所述的最佳发射轨道具有最短的长轴 $2a_3$，故所用的时间也较短，这也是一个很大的优点。

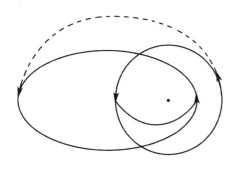

图 2-19　双外切过渡

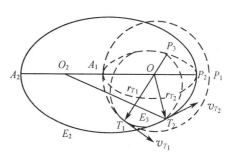

图 2-20　$r_P < r_0 < r_A$ 时最佳发射轨道(1)

2.5　发射人造地球卫星的最佳轨道(Ⅲ)

在 2.2 节和 2.4 节中，若就指标 $f = v_0 + \Delta v_1$ 而言，则在限定目标轨道为椭圆轨道的前提下，考虑的最佳发射轨道也仅在椭圆轨道的范围内，并且只就 $r_0 < r_P$ 及 $r_P < r_0 < r_A$ 的情况求出了最佳发射轨道的解析解。

本节仍以 $f = v_0 + \Delta v_1$ 作为指标。目标轨道也仍为椭圆轨道，但考虑的是 $r_0 > r_A$ 且惯性轨道的选择范围扩大到任意圆锥曲线轨道的情况。

设目标椭圆轨道(见图 2-21)为

$$r = \frac{p}{1 + e\cos\theta} \qquad (2.5\text{-}1)$$

再设惯性段的二次曲线的轨道方程为

$$r' = \frac{p'}{1 + e'\cos(\theta - \theta_0)} \qquad (2.5\text{-}2)$$

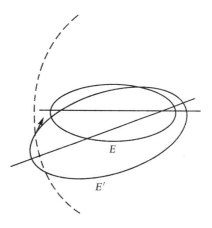

图 2-21　$r_0 > r_A$ 时发射优化分析(1)

从

$$\frac{p}{1 + e\cos\theta} = \frac{p'}{1 + e'\cos(\theta - \theta_0)}$$

可得

$$p + pe'\cos(\theta - \theta_0) = p' + p'e\cos\theta$$

由于 $p' > p$，则

$$p' - p = pe'\cos(\theta - \theta_0) - p'e\cos\theta$$

$$= pe'(\cos\theta_0\cos\theta + \sin\theta_0\sin\theta) - p'e\cos\theta$$

$$= (pe'\cos\theta_0 - p'e)\cos\theta + pe'\sin\theta_0\sin\theta$$

$$\frac{p'-p}{\sqrt{A^2+B^2}} = \frac{pe'\cos\theta_0 - p'e}{\sqrt{(pe'\cos\theta_0 - p'e)^2 + (pe'\sin\theta_0)^2}}\cos\theta + \frac{pe'\sin\theta_0}{\sqrt{A^2+B^2}}\sin\theta$$

这里
$$A = pe'\cos\theta_0 - p'e$$
$$B = pe'\sin\theta_0$$

若记

$$\cos\delta = \frac{pe'\cos\theta_0 - p'e}{\sqrt{A^2+B^2}}, \quad \delta \in [0, \pi]$$

则

$$\sin\delta = \pm\frac{pe'\sin\theta_0}{\sqrt{A^2+B^2}}$$

所以

$$\frac{p'-p}{\sqrt{A^2+B^2}} = \cos(\theta \pm \delta)$$

故知若要相切，那么在切点处就有

$$\theta_T = \pm\delta$$

从

$$(p'-p)^2 = A^2 + B^2 = (pe'\cos\theta_0)^2 - 2pp'ee'\cos\theta_0 + (p'e)^2 + (pe'\sin\theta_0)^2$$
$$= (pe')^2 - 2pp'ee'\cos\theta_0 + (p'e)^2$$

可得

$$\cos\theta_0 = \frac{(pe')^2 + (p'e)^2 - (p'-p)^2}{2pp'ee'} \tag{2.5-3}$$

把式(2.5-3)代入$\cos\delta$的表达式可得

$$\cos\theta_T = \cos(\pm\delta) = \cos\delta = \frac{(pe')^2 - (p'e)^2 - (p'-p)^2}{2p'e(p'-p)} \tag{2.5-4}$$

$$r_T = \frac{p}{1 + e\cos\theta_T} = \frac{2pp'(p'-p)}{(p')^2(1-e^2) + p^2[(e')^2 - 1]} \tag{2.5-5}$$

下面我们来写出速度表达式。

对椭圆E而言，我们有

$$h = v_T r_T \sin\beta = \mu\sqrt{p}$$

其中，β为切点T处的矢径$\boldsymbol{r}_T$与速度$\boldsymbol{v}_T$的方向间夹角；μ为常数，故有

$$v_T = \frac{\mu\sqrt{p}}{r_T\sin\beta}$$

在椭圆E'上有

$$h' = r_T v'_T \sin\beta = \mu\sqrt{p'} = v_0 r_0 \sin\alpha$$

所以

$$v'_T = \frac{\mu\sqrt{p'}}{r_T\sin\beta} = \frac{v_0 r_0 \sin\alpha}{r_T\sin\beta}$$

其中，α 为第一主动段熄火点 Q_0 处的矢径 $\boldsymbol{r}_0$ 与速度 $\boldsymbol{v}_0$ 的方向间的夹角。

再则，由于 $p' > p$，所以 $v'_T > v_T$，故在切点处所需的速度冲击量为

$$\Delta v_1 = v'_T - v_T = \frac{1}{r_T\sin\beta}(\mu\sqrt{p'} - \mu\sqrt{p}) = \frac{1}{r_T\sin\beta}(v_0 r_0 \sin\alpha - \mu\sqrt{p})$$

现在来求函数 f_2 的具体表达式

$$f_2 = v_0 + \Delta v_1 = v_0 + \frac{1}{r_T\sin\beta}(v_0 r_0 \sin\alpha - \mu\sqrt{p})$$

$$\frac{1}{r_T\sin\beta} = \frac{1}{p}\sqrt{1 + e^2 + 2e\cos\delta}$$

$$= \frac{1}{p}\sqrt{1 + e^2 + 2e\frac{(pe')^2 - (p'e)^2 - (p'-p)^2}{2p'e(p'-p)}}$$

$$= \frac{1}{p}\sqrt{\frac{(1+e^2)p'(p'-p) + (pe')^2 - (p'e)^2 - (p'-p)^2}{p'(p'-p)}}$$

$$= \frac{1}{p}\sqrt{\frac{pp' - e^2 pp' + p^2(e')^2 - p^2}{p'(p'-p)}}$$

$$= \frac{1}{p}\sqrt{\frac{pp'(1-e^2) - p^2[1-(e')^2]}{p'(p'-p)}}$$

$$= \frac{1}{\sqrt{pp'(p'-p)}}\sqrt{p'(1-e^2) - p[1-(e')^2]}$$

由于

$$p' = \frac{v_0^2 r_0^2 \sin^2\alpha}{\mu^2}$$

$$1 - (e')^2 = \frac{v_0^2 r_0^2 \sin^2\alpha}{\mu^4}\left(\frac{2\mu^2}{r_0} - v_0^2\right)$$

整理后有

$$f_2 = v_0 + \sqrt{\frac{\mu^2}{a} - \frac{2\mu^2}{r_0} + v_0^2}\sqrt{\frac{v_0 r_0 \sin\alpha - \mu\sqrt{p}}{v_0 r_0 \sin\alpha + \mu\sqrt{p}}}$$

有了指标函数，下面再求此函数定义域。在现在情况下，我们仍可证明 $\dfrac{\partial r_T}{\partial v_0} > 0$。这是因为

$$r_T = \frac{2pp'(p'-p)}{(p')^2(1-e^2) + p^2[(e')^2 - 1]} \tag{2.5-6}$$

显见它与 2.2 节中的 r_T 形式一致，所以通过 2.3 节中有关部分类似计算，我们可得

$$g = a'\sin^2\alpha\left[(a-r_0)^2 + \frac{a^2\cos^2\alpha - a^2e^2}{\sin^2\alpha}\right]$$

$$> a'\sin^2\alpha\left[(a-r_A)^2 + \frac{a^2\cos^2\alpha - a^2e^2}{\sin^2\alpha}\right]$$

$$= a'\sin^2\alpha\left\{[a-a(1+e)]^2 + \frac{a^2\cos^2\alpha - a^2e^2}{\sin^2\alpha}\right\}$$

$$= a'\sin^2\alpha\left(a^2e^2 + \frac{a^2\cos^2\alpha - a^2e^2}{\sin^2\alpha}\right)$$

$$= a'a^2\cos^2\alpha(1-e^2) = aa'p\cos^2\alpha \geqslant 0$$

所以

$$\frac{\partial r_T}{\partial v_0} > 0$$

于是有 $v_{0P} \leqslant v_0 \leqslant v_{0A}$。

现在来求 v_{0P} 与 v_{0A} 的具体表达式。当然可从 r_T 的表达式反求 v_{0P} 和 v_{0A}，也可用像 2.3 节中有关部分的办法。因为这时（见图 2-22）

$$r_T = r_P = a(1-e) = a'(1-e')$$

从而

$$\frac{a}{a'}(1-e) = 1-e'$$

$$e' = 1 - \frac{a}{a'}(1-e)$$

$$(e')^2 = 1 - 2\frac{a}{a'}(1-e) + \left(\frac{a}{a'}\right)^2(1-e)^2$$

$$1-(e')^2 = 2\frac{a}{a'}(1-e) - \left(\frac{a}{a'}\right)^2(1-e)^2$$

$$= \frac{a}{a'}(1-e)\left[2 - \frac{a}{a'}(1-e)\right]$$

$$= \frac{r_P}{a'}\left(2 - \frac{r_P}{a'}\right)$$

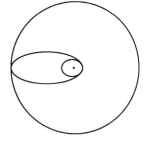

图 2-22 $r_0 > r_A$ 时最
佳发射轨道

这样，与 2.3 节有关部分一样又可得

$$v_{0P}^2 = \frac{2\mu^2}{r_0}\frac{r_P(r_0-r_P)}{r_0^2\sin^2\alpha - r_P^2}$$

同理有

$$v_{0A}^2 = \frac{2\mu^2}{r_0}\frac{r_A(r_0-r_A)}{r_0^2\sin^2\alpha - r_A^2}$$

即

$$v_{0P} = \sqrt{\frac{2\mu^2}{r_0}} \sqrt{\frac{r_P(r_0 - r_P)}{r_0^2 \sin^2\alpha - r_P^2}}$$

$$v_{0A} = \sqrt{\frac{2\mu^2}{r_0}} \sqrt{\frac{r_A(r_0 - r_A)}{r_0^2 \sin^2\alpha - r_A^2}}$$

为了使 v_{0P} 有意义，我们从

$$r_0^2 \sin^2\alpha - r_P^2 > 0$$

可得

$$\arcsin \frac{r_P}{r_0} < \alpha < \pi - \arcsin \frac{r_P}{r_0}$$

同理，为了使 v_{0A} 有意义，我们可得

$$\arcsin \frac{r_A}{r_0} < \alpha < \pi - \arcsin \frac{r_A}{r_0}$$

因此，我们现在的定义域如图 2-23 所示。

下面我们来证明函数 f_2 的一个很好性质，即对任意固定的 α 而言，$\dfrac{\partial f_2}{\partial v_0} > 0$。

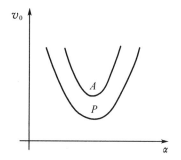

图 2-23　$r_0 > r_A$ 时发射优化分析(2)

证明

$$f_2 = v_0 + \sqrt{v_0^2 + \frac{\mu^2}{a} - \frac{2\mu^2}{r_0}} \sqrt{\frac{v_0 r_0 \sin\alpha - \mu\sqrt{p}}{v_0 r_0 \sin\alpha + \mu\sqrt{p}}}$$

$$\frac{\partial f_2}{\partial v_0} = 1 + \frac{v_0}{\sqrt{v_0^2 + \frac{\mu^2}{a} - \frac{2\mu^2}{r_0}}} \sqrt{\frac{v_0 r_0 \sin\alpha - \mu\sqrt{p}}{v_0 r_0 \sin\alpha + \mu\sqrt{p}}} +$$

$$\sqrt{\frac{v_0 r_0 \sin\alpha + \mu\sqrt{p}}{v_0 r_0 \sin\alpha - \mu\sqrt{p}}} \sqrt{v_0^2 + \frac{\mu^2}{a} - \frac{2\mu^2}{r_0}} \frac{\mu\sqrt{p}\, v_0 \sin\alpha}{(v_0 r_0 \sin\alpha + \mu\sqrt{p})^2}$$

所以

$$\frac{\partial f_2}{\partial v_0} > 0$$

这个性质不但指出了函数 f_2 在区域 D 内无极值，而且指出了它的极小值在下边界达到；还指出了不管是双曲惯性轨道还是抛物惯性轨道都不及椭圆惯性轨道好。

现在求函数 f_2 在下边界的值

$$f_2 = v_0 + \frac{v_0 r_0 \sin\alpha}{r_T \sin\beta} - \frac{\mu\sqrt{p}}{r_T \sin\beta}$$

在下边界(即近地点进入)，$r_T = r_P$，$\sin\beta = 1$

$$v_{0P} = \sqrt{\frac{2\mu^2}{r_0}} \sqrt{\frac{r_P(r_0 - r_P)}{r_0^2 \sin^2\alpha - r_P^2}}$$

于是

$$f_{2P} = v_0 + \frac{v_0 r_0 \sin\alpha}{r_P} - \frac{\mu\sqrt{p}}{r_P}$$

$$= v_0\left(1 + \frac{r_0\sin\alpha}{r_P}\right) - \frac{\mu\sqrt{p}}{r_P}$$

$$= v_0\left(\frac{r_P + r_0\sin\alpha}{r_P}\right) - \frac{\mu\sqrt{p}}{r_P}$$

$$= v_{\text{II}_0}\sqrt{\frac{r_P(r_0 - r_P)}{r_0^2\sin^2\alpha - r_P^2}}\sqrt{\left(\frac{r_P + r_0\sin\alpha}{r_P}\right)^2} - \frac{\mu\sqrt{p}}{r_P}$$

$$= v_{\text{II}_0}\sqrt{\frac{r_0 - r_P}{r_P}}\sqrt{\frac{r_0\sin\alpha + r_P}{r_0\sin\alpha - r_P}} - \frac{\mu\sqrt{p}}{r_P}$$

因此

$$\frac{\partial f_{2P}}{\partial\alpha} = v_{\text{II}_0}\sqrt{\frac{r_0 - r_P}{r_P}}\,\frac{1}{2}\sqrt{\frac{r_0\sin\alpha - r_P}{r_0\sin\alpha + r_P}}\times$$

$$\frac{r_0\cos\alpha(r_0\sin\alpha - r_P) - r_0\cos\alpha(r_0\sin\alpha + r_P)}{(r_0\sin\alpha - r_P)^2}$$

$$= v_{\text{II}_0}\sqrt{\frac{r_0 - r_P}{r_P}}\sqrt{\frac{r_0\sin\alpha - r_P}{r_0\sin\alpha + r_P}}\,\frac{-r_0 r_P\cos\alpha}{(r_0\sin\alpha - r_P)^2}$$

故知函数 f_2 在下边界 $\alpha = \dfrac{\pi}{2}$ 处达极小。

所以，当 $r_0 > r_A$ 时，其最佳发射轨道如图 2-22 所示，与此最佳发射轨道所对应的最佳值为

$$f_{20P} = v_{\text{II}_0}\sqrt{\frac{r_0 + r_P}{r_P}} - \frac{\mu\sqrt{p}}{r_P} = \sqrt{\frac{2\mu^2}{r_0}}\sqrt{\frac{r_0 + r_P}{r_P}} - \frac{\mu\sqrt{p}}{r_P}$$

2.6　$\min(v_0 + \Delta v)$ 随 r_0 变化的情况

（1）$r_0 < r_P$ 的情况讨论如下

因为

$$g_1 = \min f_1 = f_A\left(\frac{\pi}{2}\right) = \frac{\mu\sqrt{p}}{r_A} - \sqrt{\frac{2\mu^2}{r_A}}\sqrt{\frac{r_0}{r_0 + r_A}} + \sqrt{2\mu^2 r_A}\sqrt{\frac{1}{r_0(r_A + r_0)}}$$

$$\frac{\partial g_1}{\partial r_0} = -\sqrt{\frac{2\mu^2}{r_A}}\,\frac{1}{2}\sqrt{\frac{r_0 + r_A}{r_0}}\,\frac{(r_0 + r_A) - r_0}{(r_0 + r_A)^2} + \sqrt{2\mu^2 r_A}\,\frac{1}{2}\sqrt{r_0(r_A + r_0)}\,\frac{-(r_A + 2r_0)}{(r_0 r_A + r_0^2)^2}$$

$$= -\frac{1}{2}\sqrt{\frac{2\mu^2}{r_A}}\sqrt{\frac{r_0 + r_A}{r_0}}\,\frac{r_A}{(r_0 + r_A)^2} - \frac{1}{2}\sqrt{\frac{2\mu^2}{r_A}}\sqrt{\frac{r_0 + r_A}{r_0}}\,\frac{r_A}{(r_0 + r_A)^2}\,\frac{r_A + 2r_0}{r_0}$$

所以

$$\frac{\partial g_1}{\partial r_0} < 0$$

当 $r_0 = r_P$ 时

$$\min f_1(r_0 = r_P) = \frac{\mu\sqrt{p}}{r_A} - \sqrt{\frac{2\mu^2}{r_A}}\sqrt{\frac{r_P}{r_P + r_A}} + \sqrt{\frac{2\mu^2 r_A}{r_P(r_A + r_P)}}$$

$$= \frac{\mu\sqrt{p}}{r_A} - \sqrt{\frac{2\mu^2}{r_A}\frac{a(1-e)(1+e)}{2a(1+e)}} + \mu\sqrt{\frac{2a(1+e)(1-e)}{r_P 2a(1-e)}}$$

$$= \frac{\mu\sqrt{p}}{r_A} - \frac{\mu\sqrt{p}}{r_A} + \frac{\mu\sqrt{p}}{r_P} = \frac{\mu\sqrt{p}}{r_P}$$

（2）$r_P < r_0 < r_A$ 的情况讨论如下

因为

$$g_2 = \min f_2 = f_P\left(\frac{\pi}{2}\right) = \frac{\mu\sqrt{p}}{r_P} - \sqrt{\frac{2\mu^2}{r_P}}\sqrt{\frac{r_0}{r_0 + r_P}} + \sqrt{2\mu^2 r_P \frac{1}{r_0(r_0 + r_P)}}$$

$$\frac{\partial g_2}{\partial r_0} = -\frac{1}{2}\sqrt{\frac{2\mu^2}{r_P}}\sqrt{\frac{r_0 + r_P}{r_0}}\frac{r_P}{(r_0 + r_P)^2} - \frac{1}{2}\sqrt{\frac{2\mu^2}{r_P}}\sqrt{\frac{r_0 + r_P}{r_0}}\frac{r_P}{(r_0 + r_P)^2}\frac{2r_0 + r_P}{r_0}$$

所以

$$\frac{\partial g_2}{\partial r_0} < 0$$

当 $r_0 = r_P$ 时

$$g_2(r_0 = r_P) = \frac{\mu\sqrt{p}}{r_P} - \sqrt{\frac{2\mu^2}{r_P}}\sqrt{\frac{r_P}{r_P + r_P}} + \sqrt{2\mu^2 r_P \frac{1}{r_P(r_P + r_P)}} = \frac{\mu\sqrt{p}}{r_P}$$

当 $r_0 = r_A$ 时

$$g_2(r_0 = r_A) = \frac{\mu\sqrt{p}}{r_P} - \sqrt{\frac{2\mu^2}{r_P}}\sqrt{\frac{r_A}{r_A + r_P}} + \sqrt{2\mu^2 r_P \frac{1}{r_A(r_A + r_P)}}$$

$$= \frac{\mu\sqrt{p}}{r_P} - \mu\sqrt{\frac{2}{r_P}\frac{a(1+e)(1-e)}{2a(1-e)}} + \mu\sqrt{\frac{2a(1-e)(1+e)}{r_A 2a(1+e)}}$$

$$= \frac{\mu\sqrt{p}}{r_P} - \frac{\mu\sqrt{p}}{r_P} + \frac{\mu\sqrt{p}}{r_A} = \frac{\mu\sqrt{p}}{r_A}$$

（3）$r_0 > r_A$ 的情况讨论如下

因为

$$g_3 = \min f_3 = \sqrt{\frac{2\mu^2}{r_P}}\sqrt{\frac{r_0}{r_0 + r_P}} - \frac{\mu\sqrt{p}}{r_P} + \sqrt{2\mu^2 r_P \frac{1}{r_0(r_0 + r_P)}}$$

$$\frac{\partial g_3}{\partial r_0} = \frac{1}{2}\sqrt{\frac{2\mu^2}{r_P}}\sqrt{\frac{r_0+r_P}{r_0}}\frac{r_P}{(r_0+r_P)^2} - \frac{1}{2}\sqrt{\frac{2\mu^2}{r_P}}\sqrt{\frac{r_0+r_P}{r_0}}\frac{r_P}{(r_0+r_P)^2}\frac{2r_0+r_P}{r_0}$$

所以

$$\frac{\partial g_3}{\partial r_0} < 0$$

当 $r_0 = r_A$ 时

$$g_3(r_0=r_A) = \sqrt{\frac{2\mu^2}{r_P}}\sqrt{\frac{r_A}{r_A+r_P}} - \frac{\mu\sqrt{p}}{r_P} + \mu\sqrt{\frac{2r_P}{r_A(r_A+r_P)}}$$

$$= \mu\sqrt{\frac{2}{r_P}\frac{a(1+e)(1-e)}{2a(1-e)}} - \frac{\mu\sqrt{p}}{r_P} + \mu\sqrt{\frac{2}{r_A}\frac{a(1-e)(1+e)}{2a(1+e)}}$$

$$= \frac{\mu\sqrt{p}}{r_P} - \frac{\mu\sqrt{p}}{r_P} + \frac{\mu\sqrt{p}}{r_A} = \frac{\mu\sqrt{p}}{r_A}$$

（4）据以上讨论，可作如下结论

函数 $\min(v_0+\Delta v)$ 不但在 r_P 和 r_A 处连续，而且它随着 r_0 的增大而单调减小。

具体的表达式为

$$\min f = \begin{cases} g_1 = \dfrac{\mu\sqrt{p}}{r_A} - \sqrt{\dfrac{2\mu^2}{r_A}}\sqrt{\dfrac{r_0}{r_0+r_A}} + \sqrt{2\mu^2 r_A\dfrac{1}{r_0(r_A+r_0)}},\ r_0 \leqslant r_P \\[3mm] g_2 = \dfrac{\mu\sqrt{p}}{r_P} - \sqrt{\dfrac{2\mu^2}{r_P}}\sqrt{\dfrac{r_0}{r_0+r_P}} + \sqrt{2\mu^2 r_P\dfrac{1}{r_0(r_0+r_P)}},\ r_P \leqslant r_0 \leqslant r_A \\[3mm] g_3 = \sqrt{\dfrac{2\mu^2}{r_P}}\sqrt{\dfrac{r_0}{r_0+r_P}} - \dfrac{\mu\sqrt{p}}{r_P} + \sqrt{2\mu^2 r_P\dfrac{1}{r_0(r_0+r_P)}},\ r_A \leqslant r_0 < +\infty \end{cases}$$

其中，r_P 和 r_A 分别为目标椭圆轨道的近地点距离和远地点距离（见图 2-24）。

若对一固定的 r_0 而言，可以认为从地面起飞到 r_0 处第 1 次熄火这一段的速度总损耗为常量（当然这常量跟 r_0 有关），那么把上面的分析结果与 r_0 对应的速度总损耗一起考虑进去进行比较，显然可得以特征速度最小作为指标的最佳 r_0。其实这也是一种在这种模型下求三段式整体最佳发射的方法。

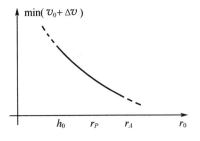

图 2-24　$\min(v_0+\Delta v)$ 随 r_0
变化示意图（2）

至于考虑推力及虽然同一 r_0 但若进入点不同引起的速度总损耗不可看作同一常量的情况，以后会详细讨论。

2.7　指标是 $f = v_0 + \Delta v + A$ 时，双曲轨道和抛物轨道等作为惯性段的排除和直接进入等

本节是 2.2 节、2.4 节、2.5 节等节讨论的补充和继续。

2.7.1　双曲、抛物惯性段的排除

（1）$p' > p$

由前知，当 $p' > p$ 时，对所有的圆锥曲线惯性段而言都有

$$f = v_0 + \Delta v = v_0 + \sqrt{v_0^2 + \frac{\mu^2}{a} - \frac{2\mu^2}{r_0}} \sqrt{\frac{v_0 r_0 \sin\alpha - \mu\sqrt{p}}{v_0 r_0 \sin\alpha + \mu\sqrt{p}}}$$

$$\frac{\partial f}{\partial v_0} = 1 + \frac{v_0}{\sqrt{v_0^2 + \frac{\mu^2}{a} - \frac{2\mu^2}{r_0}}} \sqrt{\frac{v_0 r_0 \sin\alpha - \mu\sqrt{p}}{v_0 r_0 \sin\alpha + \mu\sqrt{p}}} +$$

$$\sqrt{\frac{v_0 r_0 \sin\alpha + \mu\sqrt{p}}{v_0 r_0 \sin\alpha - \mu\sqrt{p}}} \sqrt{v_0^2 + \frac{\mu^2}{a} - \frac{2\mu^2}{r_0}} \frac{\mu\sqrt{p} \, r_0 \sin\alpha}{(v_0 r_0 \sin\alpha + \mu\sqrt{p})^2} > 0$$

若把抛物线和双曲线作为惯性段，要求 $v_0 \geqslant \sqrt{\frac{2\mu^2}{r_0}}$；而若把椭圆作为惯性段，则要求

$v_0 < \sqrt{\frac{2\mu^2}{r_0}}$。所以，当 $p' > p$ 时，抛物线和双曲线作为惯性段都不如椭圆作为惯性段好。

这里包括了 $r_0 > r_A$ 及 $r_P < r_0 < r_A$ 时 $p' > p$ 的情况。

（2）$p' \leqslant p$，这里目标轨道为椭圆（$0 < e < 1$）

1）$p' < p$。由前知切点矢径 r_T 应满足

$$r_T = \frac{2pp'(p - p')}{p^2[1 - (e')^2] - (p')^2(1 - e^2)}$$

对抛物惯性段而言，$e' = 1$，故有

$$r_T = \frac{2pp'(p - p')}{-(p')^2(1 - e^2)} < 0$$

对双曲惯性段，$e' > 1$，显然仍有 $r_T < 0$。

因此在 $p' < p$（即内切）时，不存在抛物和双曲惯性段。

2）$p' = p$。

由于在 r_T 表达式的推导中使用了切点极角的表达式

$$\cos \theta_T = \frac{(pe')^2 - (p'e)^2 - (p'-p)^2}{2p'e(p'-p)}$$

等，故上面办法对 $p'=p$ 时不适用。

但与 $p' \neq p$ 一样，此时我们仍有相切条件

$$(p'-p)^2 = (pe')^2 - 2pp'ee'\cos \theta_0 + (p'e)^2$$

当 $p'=p$ 时，上式简化为

$$(pe')^2 - 2p^2 ee'\cos \theta_0 + p^2 e^2 = 0$$

即

$$p^2(e-e')^2 + 2p^2 ee'(1-\cos \theta_0) = 0$$

所以

$$\begin{cases} e' = e \\ \theta_0 = 0 \end{cases}$$

这就是说，当 $p'=p$ 时，发射轨道惯性段即为目标轨道本身。

综上所述可知：当目标轨道为椭圆轨道时，此时也不存在双曲、抛物惯性段。

但若目标轨道是抛物、双曲轨道，显见可类似讨论，而且结论显然也会不一样。

2.7.2　关于直接进入目标轨道

由 2.4 节知：对于椭圆作为最佳发射轨道的惯性段而言，如果进入点在 $Q_1 P_2 Q'_1$ 段，而关机点 Q_0 在 E_2 的外部，那么

$$f = v_0 + v'_T - v_T = \mu \left(\sqrt{\frac{2}{r_0} - \frac{1}{a_3}} + \sqrt{\frac{2}{r_T} - \frac{1}{a_3}} - \sqrt{\frac{2}{r_T} - \frac{1}{a_2}} \right)$$

所以

$$\frac{\partial f}{\partial a_3} = \frac{\mu}{2a_3^2} \left(\frac{1}{\sqrt{\frac{2}{r_0} - \frac{1}{a_3}}} + \frac{1}{\sqrt{\frac{2}{r_T} - \frac{1}{a_3}}} \right) \geqslant 0$$

这就要求在 Q_1 点直接进入为最好。

过去我们已知，如果进入点在 $Q_1 A_2 Q'_1$ 段，那么关机点不管是在 E_2 外部还是在 E_2 内部，都是 Q_1（或 Q'_1）处直接进入为最好。

现在对于进入点在 $Q_1 P_2 Q'_1$ 段而关机点在 E_2 外部而言，也是 Q_1（或 Q'_1）处直接进入好，而当关机点在 E_2 内部时为双内切发射形式最好。

所以现在余下的问题只要比较一下双内切发射形式时 f_m 与直接进入时的 f_{Q_1} 之间的大小就可决定哪个为最优了。

显见（见图 2-25）

$$f_{Q_1} = \mu \sqrt{\frac{2}{r_0} - \frac{1}{a_2}}$$

$$f_m = \mu \sqrt{\frac{2}{r_0} - \frac{1}{a_3}} + \left(\mu \sqrt{\frac{2}{r_{P_2}} - \frac{1}{a_2}} - \mu \sqrt{\frac{2}{r_{P_2}} - \frac{1}{a_3}} \right)$$

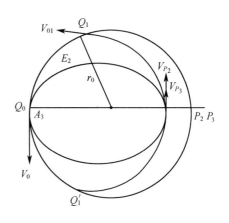

图 2-25　双内切发射情况

因此

$$f_{Q_1} - f_m = \mu \left(\sqrt{\frac{2}{r_0} - \frac{1}{a_2}} - \sqrt{\frac{2}{r_0} - \frac{1}{a_3}} \right) -$$
$$\mu \left(\sqrt{\frac{2}{r_{P_2}} - \frac{1}{a_2}} - \sqrt{\frac{2}{r_{P_2}} - \frac{1}{a_3}} \right)$$

由于

$$\frac{\mathrm{d}}{\mathrm{d}a} \left(\mu \sqrt{\frac{2}{r} - \frac{1}{a}} \right) = \frac{\mu \left(\frac{1}{2} \right) \left(\frac{1}{a^2} \right)}{\sqrt{\frac{2}{r_0} - \frac{1}{a}}}$$

所以

$$f_{Q_1} - f_m = \int_{a_3}^{a_2} \frac{\mu \mathrm{d}a}{2a^2 \sqrt{\frac{2}{r_0} - \frac{1}{a}}} - \int_{a_3}^{a_2} \frac{\mu \mathrm{d}a}{2a^2} \frac{1}{\sqrt{\frac{2}{r_{P_2}} - \frac{1}{a}}}$$

$$= \int_{a_3}^{a_2} \frac{\mu}{2a^2} \left(\frac{1}{\sqrt{\frac{2}{r_0} - \frac{1}{a}}} - \frac{1}{\sqrt{\frac{2}{r_{P_2}} - \frac{1}{a}}} \right) \mathrm{d}a > 0$$

因为 $a_2 > a_3$，$r_0 > r_{P_2}$，所以

$$f_m < f_{Q_1}$$

因此，对于 $r_P < r_0 < r_A$ 这种情况下，像现在这样的指标，图 2-25 所示的双内切发射为最佳。

上述结论，还有其他意义。我们知道直接进入是在 $r_P \leqslant r_0 \leqslant r_A$ 的情况产生的，其他情况，如 $r_0 < r_P$ 及 $r_0 > r_A$ 都不存在直接进入（见图 2-26）。

上述结论实际上也指出：在 $r_P < r_0 < r_A$ 情况下，直接进入一定不好。因为我们一定有一对应的三段式最佳双内切发

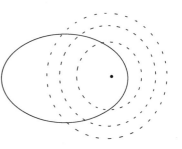

图 2-26　发射轨道分析

射轨道优于它。留下的仅是两点 $r_0 = r_P$ 及 $r_0 = r_A$，而这两点又可看做三段式发射的特殊情况，所以以后在比较直接进入与整体最佳三段式发射和整体最佳停泊式发射时，除了个别特殊情况，直接进入就不再提到。

2.8 发射地球静止轨道卫星的最佳轨道(Ⅰ)

地球静止轨道卫星的轨道是圆周,圆周轨道是椭圆轨道的特殊情况,所以前面关于发射人造地球卫星最佳轨道的理论就可应用到关于发射地球静止轨道卫星的最佳发射上来。

2.8.1 关于发射地球静止轨道卫星的最佳三段式轨道

由于地球静止轨道卫星的轨道离地面高度是几万千米,目前还无法直接进入地球静止轨道卫星的轨道。

目前可行的方法之一就是在第 1 主动段的熄火点 r_0 处(例如 $r_0 = 280$ km $+ R$,其中 R 为地球半径),按图 2-27 所示的三段式最佳发射地球静止轨道进行发射,这是目前可行的发射地球静止轨道卫星的最佳发射轨道之一。这是对 r_0 给定的情况。

如果 r_0 允许选择,那将如何选择?

上述情况比较简单,仅是 $r_0 < r_P$ 一种情况。

我们不妨取(理论上是在允许范围内取点越多越好,实际上这也是小范围内的整体优化;但也要考虑计算工作量,故要适可而止)

$$r_{01} = 200 \text{ km} + R$$
$$r_{02} = 250 \text{ km} + R$$
$$r_{03} = 300 \text{ km} + R$$
$$\cdots$$

计算对应的

$$f_{\min}(r_{01}) = f_1$$
$$f_{\min}(r_{02}) = f_2$$
$$f_{\min}(r_{03}) = f_3$$
$$\cdots$$

从上可得出最佳 r_0 到底取什么值。然后在这个 r_0 处按图 2-28 进行发射就得此种情况的关于发射地球静止轨道卫星的三段式最佳轨道。

〔请注意:本节中的所有 f_i 都包含 $A(r_{0i})$ 项,也不考虑推力变化,因为不同推力可类似处理,然后选出最佳,下面不再重复。〕

但不管此时的最佳 r_0 为何值,与之对应的最佳三段式发射轨道都要求在 r_0 处的速度 $\boldsymbol{v}_0$

的大小和方向都比较准确。

另外，也有采用停泊轨道来发射地球静止轨道卫星的。

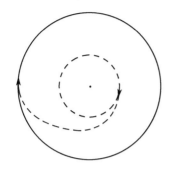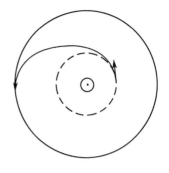

图 2-27　发射地球静止轨道卫星(1)　　　图 2-28　发射地球静止轨道卫星(2)

2.8.2　可考虑二次优化的圆停泊轨道

如图 2-29 所示，若设 $\overline{R} = 250\ \text{km} + R$ 为此圆停泊轨道的半径（停泊轨道的选择以后论述），先取

$$r_{01} = 200\ \text{km} + R$$

$$r_{02} = 250\ \text{km} + R$$

$$r_{03} = 300\ \text{km} + R$$

再按以前的关于三段式最佳发射轨道的理论把此停泊轨道当作一新的目标轨道分别计算对应的 f_1，f_2，f_3，…（对应图 2-29、图 2-30、图 2-31），从而决定最佳的 r_0，也就确定了关于此圆停泊轨道的最佳发射轨道（各范围内之点越多越好）。

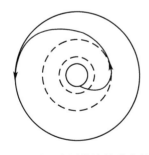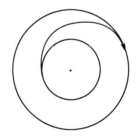

图 2-29　向圆停泊轨道进行
　　　最佳发射示意(1)

　　图 2-30　向圆停泊轨道进行
　　　　最佳发射示意(2)

然后在这个 $\overline{R}$ 为半径的圆周轨道上与这个 r^*（地球静止轨道卫星圆周轨道半径）为半径的圆周轨道上按文献[4]中理论进行最佳转移，这就是以 $\overline{R}$ 作为圆停泊轨道的半径情况下关于地球静止轨道卫星的停泊式最佳发射轨道的粗略总描述。这是在 r_0 可以选择情况下进行的。

如果 r_0 不能选择，那更简单，先按以前关于发射人造地球卫星的三段式（包括直接进入停泊轨道）最佳轨道理论对此圆停泊轨道进行最佳发射，然后像上述那样由圆停泊轨道到地球静止轨道卫星轨道进行最佳转移，这就是此时的关于地球静止轨道卫星的停泊式最佳发射轨道。

工程上，也有直接进入停泊轨道，然后再作最佳转移，这样虽不一定优化，但简单。

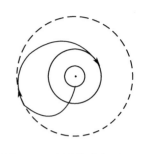

图 2-31 向圆停泊轨道进行

最佳发射示意(3)

2.8.3 可考虑二次优化的椭圆停泊轨道

假设对此椭圆停泊轨道，有

$$r_P = 250 \text{ km} + R$$

$$r_A = 300 \text{ km} + R$$

如果 r_0 不能选择，那么对于给定的 r_0，先按以前的理论，对此椭圆停泊轨道进行三段式最佳发射，然后按文献[4]中有关理论进行此椭圆停泊轨道和地球静止轨道卫星轨道之间的最佳转移。这就是这种情况下关于地球静止轨道卫星的停泊式最佳发射轨道的总描述（见图 2-32）。

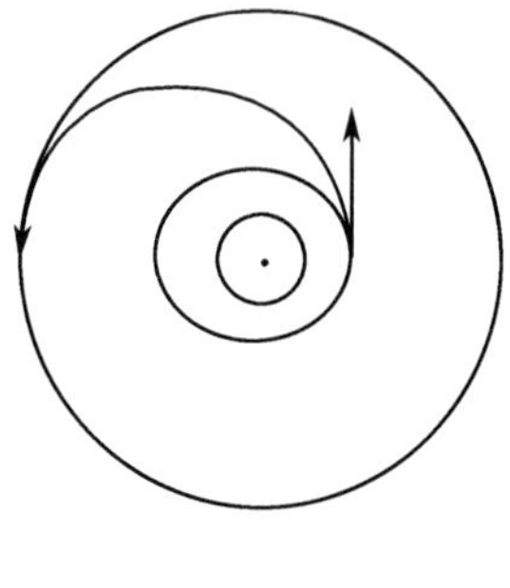

如果 r_0 可以选择，那么我们取

$$r_{01} = 200 \text{ km} + R, \quad r_{02} = 230 \text{ km} + R$$

$$r_{03} = 250 \text{ km} + R, \quad r_{04} = 280 \text{ km} + R$$

$$r_{05} = 300 \text{ km} + R, \quad r_{06} = 320 \text{ km} + R, \cdots$$

1）当 $r_0 \leqslant r_P$ 时，按图 2-33 进行向椭圆停泊轨道的最佳发射轨道的计算。

2）当 $r_P < r_0 < r_A$ 时，按图 2-34 进行向椭圆停泊轨道的最佳发射轨道的计算。

图 2-32 采用椭圆停泊轨

道发射地球静止轨道卫星示意

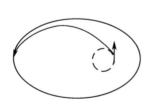

图 2-33 $r_0 \leqslant r_P$ 时最佳发射

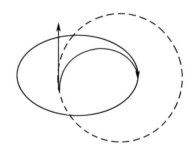

图 2-34 $r_P < r_0 < r_A$ 时最佳发射

3）当 $r_0 \geqslant r_A$ 时，按图 2-35 进行向椭圆停泊轨道的最佳发射轨道的计算。

从

$$f_{\min}(r_{0i}) = f_i$$

中的最小值可确定最佳 r_0，用 r_0^* 表示。

然后，由这个 r_0^* 按以前理论向此椭圆停泊轨道进行

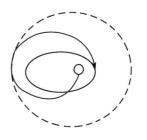

图 2-35　$r_0 \geqslant r_A$ 时最佳发射

最佳发射，再像上述那样由椭圆停泊轨道向地球静止轨道卫星轨道作最佳转移。这就是此时关于地球静止轨道卫星的停泊式最佳发射轨道的总描述。

与圆停泊轨道一样，工程上也有采用直接进入椭圆停泊轨道，然后再作最佳转移。这样虽不一定优化，但简单。

2.8.4　直接进入停泊轨道近地点其总速度值与三段式最佳发射轨道的总速度值的比较

如图 2-36 所示，当在圆停泊轨道上直接进入，然后由此圆周轨道向地球静止轨道卫星轨道作最佳转移，那么显然有

$$v_0 = \frac{\mu}{\sqrt{r_0}}$$

$$\Delta v_1 = \mu \sqrt{\frac{2}{r_0} - \frac{2}{r_0 + r^*}} - \frac{\mu}{\sqrt{r_0}}$$

$$\Delta v_2 = \frac{\mu}{\sqrt{r^*}} - \mu \sqrt{\frac{2}{r^*} - \frac{2}{r_0 + r^*}}$$

所以此时停泊式发射地球静止轨道卫星的轨道所需的总速度值为

$$F_1 = v_0 + A_1(r_0) + \Delta v_1 + \Delta v_2$$

$$= A_1(r_0) + \mu \sqrt{\frac{2}{r_0} - \frac{2}{r_0 + r^*}} + \left(\frac{\mu}{\sqrt{r^*}} - \mu \sqrt{\frac{2}{r^*} - \frac{2}{r_0 + r^*}} \right)$$

若如图 2-36 所示，当在椭圆停泊轨道的近地点 r_0 处直接进入，然后由此椭圆停泊轨道向地球静止轨道卫星轨道作最佳转移，对这种发射地球静止轨道卫星的轨道显然有

$$v_0 = \mu \sqrt{\frac{2}{r_0} - \frac{1}{a}}$$

$$\Delta v_1 = \mu \sqrt{\frac{2}{r_0} - \frac{2}{r_0 + r^*}} - \mu \sqrt{\frac{2}{r_0} - \frac{1}{a}}$$

$$\Delta v_2 = \frac{\mu}{\sqrt{r^*}} - \mu \sqrt{\frac{2}{r^*} - \frac{2}{r_0 + r^*}}$$

所以此时停泊式发射地球静止轨道卫星的轨道所需的总速度值为

$$F_2 = v_0 + A_2(r_0) + \Delta v_1 + \Delta v_2$$

$$= A_2(r_0) + \mu \sqrt{\frac{2}{r_0} - \frac{2}{r_0 + r^*}} + \frac{\mu}{\sqrt{r^*}} - \mu \sqrt{\frac{2}{r^*} - \frac{2}{r_0 + r^*}}$$

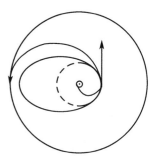

若如图 2-36 所示,我们在 r_0 处用最佳三段式发射轨道发射

地球静止轨道卫星,那么此时所需的总速度值为

图 2-36　经过停泊轨道

$$f_3 = v_0 + A_3(r_0) + \Delta v$$

$$= \mu \sqrt{\frac{2}{r_0} - \frac{2}{r_0 + r^*}} + A_3(r_0) + \frac{\mu}{\sqrt{r^*}} - \mu \sqrt{\frac{2}{r^*} - \frac{2}{r_0 + r^*}}$$

对同一 r_0 而言,$A_i(r_0)$ 由于运动的不同会有差异,但若差异不大,即对于同一 r_0 如果存在关系

$$A_1(r_0) \approx A_2(r_0) \approx A_3(r_0)$$

那么我们就有

$$F_1 \approx F_2 \approx f_3$$

即当我们在 r_0 处直接进入圆停泊轨道或椭圆停泊轨道的近地点而发射地球静止轨道卫星时其所需的总速度值是相等的,而且等于在 r_0 处的三段式最佳发射轨道所需的总速度值。

从图 2-36 可见,在 r_0 处的三段式最佳发射轨道与 r_0 处圆停泊轨道之间有无穷多个椭圆停泊轨道。它们的近地点距离都是 r_0,对这些椭圆停泊轨道而言,如果直接进入其近地点,那么显然它们对应的 F_i 跟上面一样,仍有

$$F_i \approx f_3$$

所以此时通过这无穷多个椭圆停泊轨道(包括那个圆停泊轨道)来发射关于地球静止轨道卫星的轨道,其所需的总速度值与 r_0 处关于地球静止轨道卫星的三段式最佳发射轨道所需的总速度值是一致的(但点火次数后者比前者少)。

但与三段式最佳发射轨道重合的那个大椭圆转移轨道例外。如果把它也看做停泊轨道(实际上它就是那些小椭圆停泊轨道极限),它不但总速度值一致,而且点火次数不增。由于是停泊式发射,可靠性增加了。更引人注意的是,若损耗不仅跟 r_0 有关,而且随 v_0 增大而减小时,上述这条轨道就特别重要,以后我们还会论述到。

当然,本节讨论主要是在 $A_1(r_0) \approx A_2(r_0) = \cdots$ 的前提下展开的。如果 $A_1(r_0) \neq A_2(r_0)$ $\neq A_3(r_0) \neq \cdots$,下面会详细讨论。

2.9　发射地球静止轨道卫星的最佳轨道(Ⅱ)

2.9.1　两种发射模型的进一步比较

现在我们已知发射人造地球卫星的轨道起码已有如下两种形式。

1) 我们熟知的三段式(包括其特殊情况在 $r_0 = r_P$ 及 $r_0 = r_A$ 处直接进入)(见图 2-37);

2) 经过停泊轨道(见图 2-38、图 2-39)。

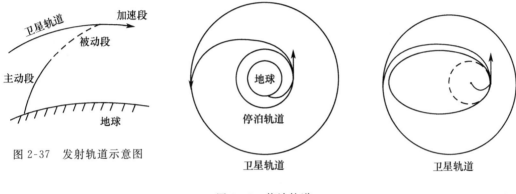

图 2-37　发射轨道示意图

图 2-38　停泊轨道

图 2-39　卫星发射轨道

上节我们已对直接进入停泊轨道的近地点这种形式的停泊式发射总速度值与三段式最佳发射轨道的总速度值进行比较。那时指出,因为

$$v_0 + \Delta v = v_0 + \Delta v_1 + \Delta v_2$$

所以,若

$$A_1(r_0) \approx A_2(r_0) \approx A_3(r_0)$$

那么显然可以认为

$$F_1 \approx F_2 \approx f_3$$

但经过停泊轨道来发射,其点火次数还是多了。

这是一次优化的情况。

一般情况是,即使从能量角度来看也没有这么简单,但通过数值计算仍可比较。这是因为进入停泊轨道时,不一定是在近地点直接进入最好,它也有一个 r_0 的最佳选择问题。

假若选出的最佳 r_{02} 小于停泊轨道的近地点距离,那么先得在 r_{02} 向停泊轨道进行三段式最佳发射,然后由停泊轨道向目标轨道进行最佳转移;算出此时对应的总速度值与在停泊轨道的近地点处对应的三段式最佳发射轨道所需的总速度值,并进行比较,就可知哪个好哪个劣。

　　当然从理论上说,这里还有一个多次优化的问题。因为用 r_{02} 向停泊轨道进行三段式最佳发射时,显见此 r_{02} 也对应着一个更小的停泊轨道问题(见图 2-40),而对这更小的停泊轨道而言,可能又有一个 r_{03} 的问题,从而点火次数又增加了,这是很不利的;而且优化多次后其结果的差异会不会越来越小,这也只能用数值计算加以说明。

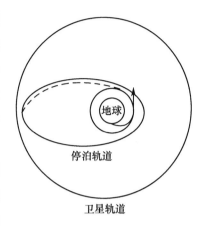

图 2-40　停泊轨道的再深入

　　这就是说,从点火次数来看,除将 2.8.4 节中已提到的那条跟三段式最佳发射轨道重合的大椭圆转移轨道看做停泊轨道外,显见用其他停泊轨道不好。从能量的角度来看,可以通过数值计算进行比较。但采用停泊轨道后,我们可以收集大量信息,从而为下面的飞行增加了可靠性,更何况有时还由于某种特殊需要而采用停泊轨道,所以采用停泊轨道来发射人造地球卫星这种形式也是不能轻易否定的。

2.9.2　关于最佳 r_0 的选择

　　对于地球静止轨道卫星的三段式最佳发射轨道,我们知道 r_0 只能小于 r_P。但是,如果停泊轨道是半径为 $\overline{R} = 200\ \text{km} + R$(其中 R 是地球半径)的圆周轨道,或者是 $r_P = 180\ \text{km} + R$, $r_A = 200\ \text{km} + R$ 的椭圆停泊轨道,那么把此时的停泊轨道作为目标轨道(或者目标轨道本来就是上面所述的那类低轨道),不但仍有一个 r_0 的选择问题,而且这时 r_0 的选择范围大大扩大,它可以是 $r_P < r_0 < r_A$,也可以是 $r_0 \geqslant r_A$,另外,三段式发射本身也有一个 r_0 的选择问题。这些我们以前已提到。

　　对某一型号的火箭而言,假若在 r_{01} 处关机(例如 $r_{01} = 230\ \text{km} + R$),要改变在 $r_{0i} > r_{01}$ (或 $r_{0i} < r_{01}$ 等)处关机($i = 2, 3, \cdots$)。我们暂不对第 1 级和第 2 级作任何改变(从理论上讲,第 1 级和第 2 级也可作类似考虑),而是通过控制第 3 级的 β_3 从而改变推力(增大、缩小或不变)来增大(或减小或不变) r_{0i},然后对这些 r_{0i}(当然包括对应的推力)又应用以前的理论来进行最佳发射,从而得到一系列对应的总速度值 f_i($i = 2, 3, \cdots$),然后与 r_{01} 处对应的总速度值 f_1 进行比较,从其最小者中就可决定最佳的 r_0(当然对应着相应的推力)。

　　这是一种应用以前理论进行多次数值计算,然后求出最佳 r_0 的方法。也是求整体最佳 r_0 的雏形。

　　以前我们还曾想用再引入一种新的指标函数从而从理论上解决最佳 r_0 的求法,后来有位研究者举了一个数值例子,使我深深感到由这种新的指标函数所算得的结果与实际情况相差太大,从而决定不用这种办法而重新强调了上述过去提出的方法，并在 1997 年写的著作[5]中对参考文献[4]中的 2.6 节进行了删除且重新强调了上述这种计算工作量较大但符合实际的计算方法。

那么确定最佳的 r_0 有什么好处呢(当然包括对应的推力)?

首先，按此确定的 r_0 及其对应的推力进行实际飞行时，例如能在第 3 级省下推进剂量，省下的推进剂量如果能转移到卫星上去，那么显然能延长卫星在轨道上运行的时间。如果不能转移到卫星上去，那么在火箭起飞前加注各级推进剂量时就应考虑到这点。务必注意，在减小第 3 级推进剂量时，如果把第 3 级和载荷看成一个新载荷，那么这又派生出一个载荷改变问题。这类问题，我们以前应用参考文献[3]中的理论解决过，这是对火箭飞行而言的。

其次，对新的设计有好处。对于计算后确定的最佳 r_0 及其对应的推力，我们按要求的速度、角度和推力等，应用参考文献[3]中有关理论来设计一新的火箭使它起飞质量最小且达到给定的要求，而对这个新设计的火箭，这个 r_0 及其对应的推力是不是最合适? 又可通过上面已叙的计算来确定。当然这时第 1，2，3 级等可能都与原来不同了。

以上是从理论上讲，但从实际看，估计优化结果的差异会越来越小，所以次数要适可而止。但不管如何，从能量的角度看新设计的火箭一定比原火箭优(起码是一样)，这是肯定的。

2.10　一个关于最佳发射轨道的实例

本节是国防科技大学黄圳珪、吴美平两位研究者合作完成的关于最佳发射轨道的一个仿真及实例计算的报告。

2.10.1　引　言

卫星的发射轨道，通常由主动段 $\overgroup{OK}$、滑行段 $\overgroup{KB}$ 与加速段 $\overgroup{BF}$ 组成，点 F 为目标轨道入轨点，如图 2-41 所示。当发射轨道与目标轨道共面时，称为共面的轨道发射问题，这也是本节要讨论的轨道发射问题。

当目标轨道为高轨道时，最省燃料消耗，仍是轨道发射问题中的最重要指标，因此通常把最省燃料消耗的发射轨道泛称为最优发射轨道。研究最优发射轨道的便捷方法是冲量轨道法，钱学森先生早在他的《星际航行概论》一书中，就用冲量轨道法讨论了目标轨道为圆轨道时的最优发射轨道问题。后来，竺苗龙教授、吕茂烈教授又在钱先生理论的基础上，分别研究了目标轨道为椭圆轨道时的关机点 $r_K \leqslant r_P$ 与 $r_P < r_K < r_A$ 两种情况的最优发射轨道问题，并得到了相应的解析解。

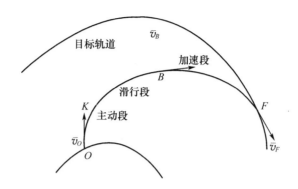

图 2-41 卫星发射轨道示意图

在此基础上，竺苗龙教授对共面轨道的最佳发射轨道问题进行深入研究，建立了一个比较完整的理论[4-5]，包括：

1）当目标轨道为椭圆轨道时，不论关机点 r_K 满足 $r_K \leqslant r_P$，$r_P < r_K < r_A$ 或 $r_K \geqslant r_A$，其最佳发射轨道问题都有解析解；

2）不论关机点 r_K 满足 $r_K \leqslant r_P$，$r_P < r_K < r_A$ 或 $r_K \geqslant r_A$，当目标轨道为椭圆轨道时，双曲线轨道和抛物线轨道都不能成为其最佳发射轨道的对应组成段；

3）提出了一个通过数值计算来得到最佳关机点 r_K 的方法（包括相应的推力），从而为解决全局最优问题提供了一种方法。

下面仅对参考文献[4-5]理论中的如下结论作进一步讨论。

设主动段关机点 K 的地心距为 r_K，目标轨道的近地点地心距为 r_P，远地点地心距为 r_A。

1）当 $r_K \leqslant r_P$ 时，最优发射轨道如图 2-42 所示，其中滑行段 $\overset{\frown}{KB}$ 是一椭圆弧，关机点 K 为此椭圆弧的近地点，入轨点 B 为此椭圆弧的远地点，且重合于目标轨道远地点 A。

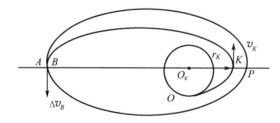

图 2-42 远地点入轨的最优发射轨道（$r_K < r_P$）

2）当 $r_P < r_K < r_A$ 时，最优发射轨道如图 2-43 所示，滑行段为椭圆弧 $\overset{\frown}{KB}$，入轨点 B 重合于目标轨道近地点 P，特别当 $r_K = r_P$ 时，点 K 重合于目标轨道近地点 P，且称为从近地点直接入轨的较优发射轨道。

冲量轨道的最省燃料消耗指标是使特征速度 v_{ch} 为极小值，而 v_{ch} 表示为

$$v_{ch} = v_K + \Delta v_B \tag{2.10-1}$$

其中，v_K 为关机点 K 的速度，Δv_B 为入轨点速度增量。

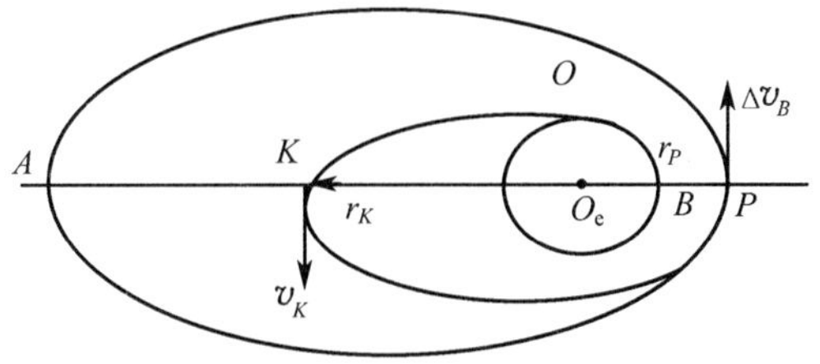

图 2-43　近地点入轨的较优发射轨道($r_P \leqslant r_K < r_A$)

　　上述的最优发射轨道与较优发射轨道是在远地点入轨或近地点入轨，由于滑行段为椭圆弧，因此相应的特征速度可由椭圆轨道参数公式得到。

　　近地点入轨的特征速度 v_P

$$v_{ch} = v_P = v_{KP} + |\Delta v_{BP}| \qquad (2.10\text{-}2)^{①}$$

$$v_{KP} = \sqrt{\frac{2\mu r_P}{r_K(r_K + r_P)}}, \quad \Delta v_{BP} = \sqrt{\frac{2\mu r_A}{r_P(r_P + r_A)}} - \sqrt{\frac{2\mu r_K}{r_P(r_K + r_P)}}$$

其中，v_{KP} 为相应的关机点 K 的速度，Δv_{BP} 为相应的入轨点施加的冲量。

　　远地点入轨的特征速度 v_A

$$v_{ch} = v_A = v_{KA} + |\Delta v_{BA}| \qquad (2.10\text{-}3)$$

$$v_{KA} = \sqrt{\frac{2\mu r_A}{r_K(r_K + r_A)}}, \quad \Delta v_{BA} = \sqrt{\frac{2\mu r_P}{r_A(r_P + r_A)}} - \sqrt{\frac{2\mu r_K}{r_A(r_K + r_A)}}$$

其中，v_{KA} 为相应的关机点 K 的速度，Δv_{BA} 为相应的入轨点施加的冲量。

　　如果假设目标轨道，$r_P = R_0 + 500$ km，$r_A = R_0 + 35\,870$ km，关机点 $r_K = R_0 + h_k$（$R_0 = 6\,371$ km，为地球半径），分别取 $h_K = 350, 400, 500, 600$(km)等值代入式(2.10-2)与式(2.10-3)，计算并比较最优与较优轨道特征速度的值，就可直接验证上述冲量式最优发射轨道结论的正确性，其计算结果见表 2-1，表中打 * 号处为所示关机点高度 h_K 的最优发射轨道的特征速度 v_{ch} 的值。

表 2-1　最优与较优发射轨道的特征速度

关机点高度 h_K/km	目标轨道 入轨点	关机点速度 v_K/(m·s^{-1})	入轨点冲量 Δv_B/(m·s^{-1})	特征速度 v_{ch}/(m·s^{-1})
350	近地点 P	7 743.46	2 415.16	10 158.62
	远地点 A	10 115.90	15.37	10 131.27 *
400	近地点 P	7 700.67	2 400.99	10 101.66
	远地点 A	10 073.34	12.22	10 083.50 *
500	近地点(直接入轨)P	9 989.58		9 989.58 *
600	近地点 P	7 534.37	2 345.56	9 879.93 *
	远地点 A	9 907.59	10.12	9 917.71

---

　　① 原公式(2.10-2)取绝对值，其实这里不用。另外这里 μ 与前文 μ 也有区别。

上述结论对有限推力是否适用？如果适用，则在应用时还会出现哪些新问题？这些是下面要进一步讨论的问题。

2.10.2　冲量结论可信度分析

（1）采用冲量法研究最优发射轨道是基于如下两个假设

1）假设主动段与加速段的推力是冲量式的，如图 2-41 所示，即 $\bar{v}_K$ 与 $\Delta \bar{v}_B = \bar{v}_F - \bar{v}_B$ 是在推力作用下瞬间获得，而不考虑在此之前的推力是如何作用。

2）假设从发射点 O 到关机点 K 的主动段过程中，由重力、空气阻力、发动机静压差等引起的速度损失 $\Delta v_g, \Delta v_d, \Delta v_s$ 之和可近似看做常值，即

$$\Delta v_g + \Delta v_d + \Delta v_s = \Delta v_K = 常值 \tag{2.10-4}$$

考虑了 Δv_K 的损失后，则相应的总特征速度 v'_{ch} 为

$$v'_{ch} = v_K + \Delta v_B + \Delta v_K \tag{2.10-5}$$

下面分别分析两个假设对结论的影响。

（2）对冲量假设的影响分析表明

冲量假设实质上仅对推力的大小提出一定要求，即要求运载火箭飞行到点 K 与点 F 时能够提供所需要的速度 v_K 与 Δv_B。例如，主动段的推力不能太大，以利于飞行程序设计；加速段推力不能太小，否则加速段将覆盖整个滑行段等。因此，只要设计适当的推力值，则冲量假设对上述结论并无实质性影响。

（3）在对速度损失的影响的分析中

大量数值仿真表明，由气动阻力与发动机静压差造成的速度损失 Δv_d 与 Δv_s 远小于由重力造成的速度损失 Δv_g。因此当 r_K 给定后，设 $\Delta v_d + \Delta v_s$ 近似为常值，则对上述结论一般不会有实质性影响，而 Δv_g 的值较大，其影响需作进一步分析。

（4）对 Δv_g 的影响分析如下

在主动段，Δv_g 的表达式为

$$\Delta v_g = \int_0^{t_K} g \sin \theta(t) \mathrm{d}t \tag{2.10-6}$$

其中，g 为重力加速度，$\theta(t)$ 为当地速度倾角，t_K 为从起飞至主动段关机点 K 的飞行时间。当 r_K 给定后，Δv_g 与推力 P、点 K 的速度 v_K 及倾角 θ_K 等有关。

1）当 r_K, θ_K 与 P 给定后，随着 v_K 值的增加，则可选择优化的飞行程序使 t_K 变长，使得 $\overset{\frown}{OK}$ 曲线

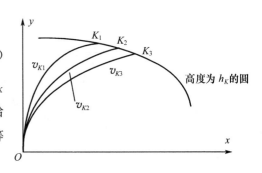

图 2-44　$\overset{\frown}{OK}$ 曲线随 v_K 变化示意图

（$v_{K1} < v_{K2} < v_{K3}, \theta_K = 0$）

后半段变化平缓，相应的速度倾角 $\theta(t)$ 也平缓地趋于 θ_K。由仿真计算知，Δv_g 也随之减少，如图 2-44 所示（Oxy 为发射坐标系，图 2-45、图 2-46 相同）。表 2-2 列出了推力相同、倾角 $\theta_K = 0$ 条件下一组 Δv_g 与 Δv_d 的值。比较表 2-1 与表 2-2 可以看出，近地点入轨与远地点入轨的重力速度损失之差与特征速度之差有相同的数量级。例如，$h_K = 350$ km 时，二者的重力速度损失之差为

$$\Delta v_{gP} - \Delta v_{gA} = 1\,762.67 - 1\,734.39 = 28.28 \ (\text{m/s})$$

相应的特征速度之差为

$$v_{\text{ch}P} - v_{\text{ch}A} = 10\,158.62 - 10\,131.27 = 27.35 \ (\text{m/s})$$

表 2-2　等推力的速度损失

关机点高度 h_K/km	目标轨道入轨点	关机点速度 v_K/(m·s^{-1})	由重力引起的速度损失 Δv_g/(m·s^{-1})	由空气阻力引起的速度损失 Δv_d/(m·s^{-1})
350	近地点 P	7 743.46	1 762.67	67.60
	远地点 A	10 115.90	1 734.39	69.21
400	近地点 P	7 700.67	1 874.50	67.96
	远地点 A	10 073.34	1 841.80	68.84
500	近地点（直接入轨）P	9 989.58	2 194.22	62.08
600	近地点 P	7 534.37	2 458.36	59.83
	远地点 A	9 907.59	2 450.07	59.84

因此，重力速度损失不但不能视为常值，而且对总特征速度 v'_{ch} 的极性可能产生影响。但是，当 $r_K \leqslant r_P$ 时，最优轨道 $v_{\text{ch}A}$ 的值小于较优轨道 $v_{\text{ch}P}$ 的值，这时 Δv_g 值的改变，使得二者的总特征速度 v'_{ch} 相差更大，使优者更优。相反，当 $r_P < r_K < r_A$ 时，总特征速度 v'_{ch} 的极性将受到 Δv_g 值的影响。

2）当 r_K，v_K，θ_K 给定后，随着推力 P 的减小，同样可选择优化的飞行程序使 t_K 变长，使得主动段 $\overset{\frown}{OK}$ 曲线后半段变化平缓，相应的速度倾角 $\theta(t)$ 也平缓地渐趋于 θ_K，以产生给定的 v_K 值。由仿真知，由重力引起的速度损失 Δv_g 也随之减少。图 2-45 为 r_K，v_K 给定，$\theta_K = 0$ 时，优化的 $\overset{\frown}{OK}$ 曲线随推力 P 值变化的示意图。由此可知，为了减少 Δv_g 值，推力 P 应选择得尽

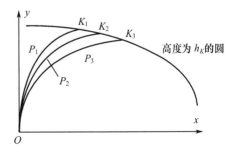

图 2-45　$\overset{\frown}{OK}$ 曲线随推力 P 变化示意图
（$P_3 < P_2 < P_1$，$\theta_K = 0$）

量小。但是过小的推力 P 值，又会使 Δv_d 值迅速增大而不利于总速度损失。表 2-3 列出了不同推力(设第 1，2 级火箭推力相同，仅第 3 级推力 P_0 不同)的一组 Δv_g 与 Δv_d 值。比较表 2-1、表 2-3 可以看出不同推力所对应的重力速度损失 Δv_g 之差是相当大的。例如，$h_K = 300$ km，第 3 级火箭推力分别为 P_0 与 $0.75P_0$ 时，相应的重力速度损失之差为 41.59 m/s。这一结果表明，如何选择推力值也是优化的重要内容之一。

表 2-3　不同推力(第 3 级)的速度损失

关机点高度 h_K/km	推力 P	由重力引起的速度损失 Δv_g/(m·s^{-1})	由空气阻力引起的速度损失 Δv_d/(m·s^{-1})
300	$0.75P_0$	1 594.72	73.52
	P_0	1 636.31	69.35
350	$0.75P_0$	1 692.95	73.44
	P_0	1 734.39	69.21
	$1.25P_0$	1 763.04	67.31
400	$0.75P_0$	1 801.58	72.65
	P_0	1 841.80	68.84
	$1.25P_0$	1 876.58	67.25
500	$0.75P_0$	2 160.19	62.15
	P_0	2 194.22	62.08
600	$0.75P_0$	2 414.71	61.36
	P_0	2 450.07	59.84

(5)对飞行程序的影响分析如下

设推力 P_0 和关机点参数 r_K，v_K，θ_K 给定。考虑满足这些参数的两条飞行程序，如图 2-46 所示(图中 $\theta_K = 0$)。弧 $\overset{\frown}{OA}$ 对应于优化的飞行程序。弧 $\overset{\frown}{OC}$ 是由 $\overset{\frown}{OP}$ 与 $\overset{\frown}{PC}$ 两段子弧组成，对应于非优化程序。其中 $\overset{\frown}{PC}$ 是圆弧段，相应的重力速度损失为零。比较弧段 $\overset{\frown}{OA}$ 和 $\overset{\frown}{OC}$ 知，$\overset{\frown}{OA}$ 后半段比较平缓，因此相应的重力速度损失就比较小。在表 2-4 中远地点入轨的 A，C 两栏数据，即对应于 $\overset{\frown}{OA}$ 与 $\overset{\frown}{OC}$ 的两条飞行程序。其中 $\overset{\frown}{OC}$ 程序是按近地点入轨的飞行程序进入 $P(r_P = r_K, \theta_K = 0, v_P = v_{KP})$，然后在圆弧 $\overset{\frown}{PC}(r = r_K)$ 上加速，使速度达到远地点入轨的速度 v_{KA}。比较这两条飞

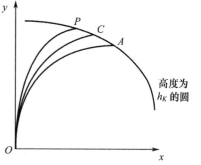

图 2-46　不同飞行程序的主动段弧段 $\overset{\frown}{OA}$ 与 $\overset{\frown}{OC}$ 示意图

行程序的重力速度损失,例如,$h_K = 350$ km 时其差为 27.77 m/s,其值接近于特征速度之差。由此可知,对有限推力来说,必须在优化飞行程序的条件下来讨论冲量结论的适用性才有意义。在表 2-2 与表 2-3 中的速度损失数据,都是在飞行程序一定优化条件下的计算结果。

表 2-4　相同推力不同飞行程序的速度损失

关机点高度 h_K/km	目标轨道 入轨点		关机点速度 v_K/(m·s^{-1})	由重力引起的速度损失 Δv_g/(m·s^{-1})	由空气阻力引起的速度损失 Δv_d/(m·s^{-1})
350	近地点 P		7 743.46	1 762.67	67.60
	远地点	C	10 115.90	1 762.16	67.60
		A	10 115.90	1 734.39	69.21
400	近地点 P		7 700.67	1 874.50	67.96
	远地点	C	10 073.34	1 875.67	67.96
		A	10 073.34	1 841.80	68.84
500	近地点(直接入轨)P		9 989.58	2 194.22	62.08
600	近地点 P		7 534.37	2 458.36	59.83
	远地点 A		9 907.59	2 450.07	59.84

(6)通过上述对冲量结论的可信度分析可知

重力引起的速度损失 Δv_g,其值为 km/s 的量级,且随 r_K,v_K,θ_K 与推力 P 等的改变而改变,一般不能假设为常值。因此由式(2.10-5)可看出,这一变化将使性能指标 v'_{ch} 复杂化,而且不能直接用 $v_K + \Delta v_B$ 的值来判断是否最优。但是,如果再作如下的进一步分析时,可以看出冲量结论在一定条件下将是可信的。

1)设运载火箭结构参数(包括推力值)相同,目标轨道是圆或近乎圆。当 r_K 给定后,相应的最优与较优轨道($\theta_K = 0$)的 v_K 值是相接近的,这时 Δv_g 值可以近似为常值。所以钱先生在此假设下所得到的结论,对有限推力也是可信的。

2)设运载火箭结构参数(包括推力值)相同,目标轨道是椭圆。当 r_K 给定后,相应的最优与较优轨道($\theta_K = 0$)的 v_K 值相差较大(见表 2-1)。当 $r_K \leqslant r_P$ 时,相应的 Δv_g 值也相差较大(见表 2-2)。但是这一差别正好使最优轨道的总特征速度更小、较优轨道的总特征速度更大,因此使优者更优,见表 2-5。当 $r_P < r_K < r_A$ 时,其结论将受到影响,但如果目标轨道偏心率 e 较小,关机点高度较高,推力较大时,最优与较优轨道的 $\overset{\frown}{OK}$ 曲线较接近,则 Δv_g 接近于常值,因此冲量结论对有限推力仍是适用的。

表 2-5 最优与较优发射轨道的特征速度比较

关机点高度 h_K/km	目标轨道 入轨点	特征速度 v_{ch}/(m·s^{-1})	主动段速度损失 Δv_K/(m·s^{-1})	特征速度 v_A/(m·s^{-1})	备注
350	近地点 P	10 158.62	1 830.27	11 988.89	远地点优于近地点
	远地点 A	10 131.27	1 803.60	11 934.87	
400	近地点 P	10 101.66	1 942.46	12 044.12	远地点优于近地点
	远地点 A	10 083.50	1 910.64	11 994.14	
500	近地点 （直接入轨）P	9 989.58	2 256.30	12 245.88	
600	近地点 P	9 879.93	2 518.19	12 398.12	近地点优于远地点
	远地点 A	9 917.71	2 509.91	12 427.62	

2.10.3 有限推力发射轨道的数学模型与算例

（1）首先建立数学模型

为了便于计算，假设地球为不旋转的圆球，地球引力场为中心力场，则纵向弹道方程为[7]

$$\frac{\mathrm{d}v}{\mathrm{d}t} = \frac{P-X}{m} + g\sin\Theta(t)$$

$$\frac{\mathrm{d}\Theta(t)}{\mathrm{d}t} = \frac{1}{mv}(P-CY^\alpha)\alpha + \left(\frac{v}{r}+\frac{g}{v}\right)\cos\Theta(t)$$

$$\frac{\mathrm{d}r}{\mathrm{d}t} = v\cos\Theta(t)$$

$$\frac{\mathrm{d}\beta}{\mathrm{d}t} = \frac{v}{r}\sin\Theta(t)$$

$$m = m_0 - \dot{m}t$$

$$\alpha = A(\varphi_{pr}-\theta)$$

$$\Theta = \theta + \beta$$

其中，X 为空气阻力；C 为升力系数；Y^α 为升力对 α 的导数；α 为攻角；φ_{pr} 为程序飞行角；A 为放大系数；m_0 为起飞质量；$\dot{m}$ 为燃料秒耗量；$\Theta(t)$ 为当地速度倾角；β 为射程角；r 为地心距。

（2）此算例与仿真结果如下

设运载火箭由三级组成，为了便于比较不同入轨点方案的燃料消耗量，假设火箭起飞重量相同，结构参数（包括推力值）相同，第 1，2 级为耗尽关机，各种关机点与入轨点速度的调整均仅最后由第 3 级提供，仍按表 2-4 所列的 9 条轨道的参数，并应用发射同步轨道的某一运载火箭参数，可算得相应轨道的燃料消耗量，并列于表 2-6，其中打 * 号即为给定 h_K 的最省燃料消耗量。可见，有限推力最优结论与冲量结论相符合。对应于表 2-3 的不同推力的燃料消耗量的仿真结果见表 2-7。

表 2-6　相同推力的燃料消耗量

关机点高度 h_K/km	目标轨道 入轨点		燃料消耗量		
			主动段/kg	加速段/kg	总消耗量/kg
350	近地点 P		179 871.79	2 541.14	182 412.93
	远地点	C	182 377.59	12.00	182 389.59
		A	182 357.79	12.00	182 369.79 *
400	近地点 P		179 970.35	2 475.94	182 446.29
	远地点	C	182 432.59	7.92	182 440.51
		A	182 407.07	7.92	182 414.99 *
500	近地点(直接入轨)P		182 602.87		182 602.87 *
600	近地点 P		180 500.55	2 207.33	182 707.88 *
	远地点 A		182 725.19	7.04	182 732.23

表 2-7　不同推力(第 3 级)的燃料消耗量

关机点高度 h_K/km	推力 P	燃料消耗量		
		主动段/kg	加速段/kg	总消耗量/kg
300	$0.75P_0$	182 283.43	16.42	182 299.85
	P_0	182 313.35	15.28	182 328.63
350	$0.75P_0$	182 327.65	13.13	182 344.78
	P_0	182 357.79	12.00	182 369.79
	$1.25P_0$	182 377.81	12.00	182 389.81
400	$0.75P_0$	182 378.80	7.93	182 386.72
	P_0	182 407.07	7.92	182 414.99 *
	$1.25P_0$	182 432.75	7.80	182 440.55
500	$0.75P_0$	182 578.45		182 578.45
	P_0	182 602.87		182 602.87 *
600	$0.75P_0$	182 701.54	7.10	182 708.64
	P_0	182 725.19	7.04	182 732.23

2.10.4   结论

通过上面的分析与算例可以看出,冲量式最优发射轨道结论对有限推力来说,当 $r_K \leqslant r_P$ 时的结论是可信的,即远地点入轨优于近地点入轨;当 $r_P < r_K < r_A$ 时,在一定条件下也是成立的,即近地点入轨优于远地点入轨。冲量结论给出了最优入轨点的位置(目标轨道的远地点 A 或近地点 P)和对应的主动段关机点 K 的速度大小 v_K(滑行段椭圆弧 $\overgroup{KB}$ 的近地点或远地点速度)和方向($\theta_K = 0$)。因此对 r_K, v_K, θ_K, P_0 等 4 个可选择参数中的 v_K 与 θ_K 2 个参数进行优化选择,为有限推力发射轨道的寻优奠定了基础。

但是在冲量假设下,限于对主动段飞行过程中的速度损失机理无法加以分析,因此,在有限推力条件下还需对另 2 个参数(r_K, P_0)以及飞行程序进一步加以优化,这样才能真正实现全局最优。因此,参考文献[5]中寻求 r_K 的方法也是有一定意义的。

本文算例中的目标轨道,是远地点近似为同步轨道高度,近地点为 500 km 高度的大椭圆轨道,此轨道近似为发射同步轨道的转移轨道。目前,发射此轨道时通常选在近地点入轨,这样虽然比较容易实现,但燃料损耗不是最省的。如果能够按照上面讨论的结论与方法选择最优入轨点,优化第 3 级火箭推力 P_0,优化主动段关机点高度与飞行程序,则在相同的起飞条件下,可为航天器在天上节省数十千克的燃料。例如,某同步轨道卫星,设计寿命为 3 年,星上携带燃料为 56 kg;如果关机点 $r_K = 350$ km,由表 2-6 知,在相同推力下,远地点 A 入轨比近地点 P 入轨节省燃料数十千克,这样可以使卫星的寿命延长 2 年以上。

本节的最优含义只局限于燃料消耗是最省,如果需要加入其他的优化指标或约束条件,则可把文中提出的结论与方法加以融合,以求满足其他指标与约束的同时,使燃料消耗量减至最低限度。

2.11   例子分析(1)

这里我们将对上节中的实例按以前的理论进行全面的理论分析和探讨。

按照以前理论,如果我们的指标是

$$f = v_0 + \Delta v + A(r_0)$$

且如果我们的目标是在允许范围内找出一个推力,使它对应的 r_0 是三段式发射全局的最佳 r_0(即 r_0^*),那么我们的方法是:对于一个允许范围内给定的推力 P_1,用以前理论和结论并用数值计算的方法找出一个对应的最佳 r_{01}。

对允许范围内的另一个推力 P_2，再重复上面的方法找出另一个对应的最佳 $r_{02}\cdots$

然后对这些 $r_{0i}(i=1,2,\cdots,n)$ 所对应的指标值进行数值比较，从而大致可以确定最佳的 r_0^* 及其对应的推力。

现在，我们按如下三方面来进行探讨说明这个损耗仅对 r_0 有关的求全局最佳的方法，对上节实例这类模型也很有用。

2.11.1　$r_0 \leqslant r_P$ 的情况

如果假定损耗 $A(r_0)$ 对于某一给定的 r_0，不因进入点的不同而不同，那么以前已指出：此时双曲轨道和抛物轨道都不能作为三段式最佳发射轨道的惯性段而只有椭圆轨道可作为三段式最佳发射轨道的惯性段〔其实只要满足 $r_0 \leqslant r_P$，哪怕 $A(r_0)$ 相差较大，这个性质都是成立的〕，并且最佳发射轨道的惯性段应在目标椭圆轨道的远地点相切进入。

这个结论，对于任一允许范围内的推力都成立。

现在仿真及实例计算告诉我们，不同的进入点损耗 $A(r_0)$ 非但不同，并且相差较大，而且损耗随着 v_0 的增大而减小。

对于惯性轨道为椭圆轨道的情况（严格讲是椭圆轨道的一部分），以前已知，当 $\alpha=\dfrac{\pi}{2}$ 且在目标轨道的远地点进入时对应的 v_0 为最大（见图 2-47），从而此时对应的损耗 $A(r_0)$ 为最小。指标函数是

$$f = v_0 + \Delta v_0 + A(r_0)$$

如果不考虑 $A(r_0)$ 或者 $A(r_0)$ 几乎相等，已经知道 $v_0 + \Delta v$ 在 $\alpha=\dfrac{\pi}{2}$ 且在目标椭圆轨道的远地点进入时为最好。$A(r_0)$ 现在也是这样进入为最小，所以产生优者更优。这就是说，对于一个允许范围内给定的推力 P，即使考虑到损耗 $A(r_0)$ 的实际变化，那么对于一个给定的 $r_0(r_0 \leqslant r_P)$，仍是图 2-48 所示的发射轨道为最佳。

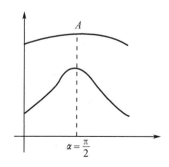

图 2-47　$r_0 < r_P$ 时发射优化分析(6)

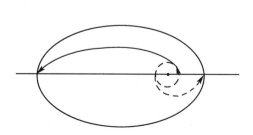

图 2-48　$r_0 < r_P$ 时发射优化分析(7)

这样，对于 $r_0 \leqslant r_P$ 的情况，如果在允许范围内给定一个推力 P_1，按照指标

$$f = v_0 + \Delta v + A(r_0)$$

对于一个给定的 r_{01}，就有一个对应的三段式最佳发射轨道，从而有一对应的最佳指标值 f_1。

对另一个 r_{02}，又有一个对应的三段式最佳发射轨道，从而又有一个对应的最佳指标值 f_2，等。

这也找出了一组数 f_1，f_2，$\cdots$，f_n。

比较这些 $f_i (i=1,2,\cdots,n)$ 就可确定对应着推力 P_1 的最优 r_{01}^*。

类似地，对于允许范围内另外给定的推力 P_2，$\cdots$，P_m，我们又可得到对应的 r_{02}^*，$\cdots$，r_{0m}^*。

比较这些 $r_{0i}^* (i=1,2,\cdots,m)$ 对应的最佳指标值，我们就能确定在 $r_0 \leqslant r_P$ 这个局部最佳 r_0^* 的大致位置、局部最佳指标值 f^* 的大致数值和局部最佳时所对应的推力的大致数值。

2.11.2　$r_P < r_0 < r_A$ 的情况

对于允许范围内给定的推力 P，如果给定的 r_0 是 $r_P < r_0 < r_A$，那么对给定的 r_0 而言，若不同进入时损耗 $A(r_0)$ 的差别不大，那么以前已指出此时的三段式最佳发射轨道为双内切轨道。

上一节告诉我们，当 r_0 在 $[r_P, r_A]$ 这个范围内足够大时，此时对应的损耗确实差别不大。例如，当 $r_0 \in [r_P+\delta, r_A]$ 时其损耗 $A(r_0)$ 确实在不同进入时差别不大，那么显见，当 $r_0 \in [r_P+\delta, r_A]$ 时，上述的结论自然仍然成立。这里 δ 是一个可以根据实际情况确定的常数。

问题是 $r_0 \in [r_P, r_P+\delta]$ 时如何处理？如果是上节实例那样，那么不用处理仍可用原来结论。因为当 $r_0 \in (r_P, r_P+\delta)$ 时，损耗之差小于优化的特征速度之差。但作为一般情况，就得仔细探讨

$$f = v_0 + \Delta v + A(r_0)$$

$v_0 + \Delta v$ 对应双内切最小，这以前早就有了这个结论。问题是 $A(r_0)$ 何时最小？上一节告诉我们 $A(r_0)$ 随 v_0 的增大而减小。

在 r_0 虚线圆的 E_2 的外面部分，除了椭圆弧段可组成最佳发射轨道外，抛物弧段和双曲弧段此时也可作为最佳发射轨道的组成部分。

我们以火箭在 r_0 处能达到的最大发射速度作为 $\bar{v}_0$（按 $\bar{v}_0$ 对 E_2 进行发射，并让其在 E_2 的远地点 A 进入），此时就产生了一个发射值和损耗值。不妨记为 $\bar{F}$，即

$$\bar{F} = \bar{v}_0 + \Delta \bar{v} + \bar{A}(r_0)$$

将此时的 $\bar{A}(r_0)$ 加上前面最佳双内切对应的最佳 $(v_0+\Delta v)$，可得

$$F = \min(v_0 + \Delta v) + \bar{A}(r_0)$$

显见，对任一$[r_P, r_P + \delta]$范围内的r_0而言，任何其他的发射轨道其所对应的指标值都会大于上面这个值。

类似$r_0 \leqslant r_P$的情况，我们再考虑不同的推力和不同的r_0就可得

$$F^* = \min{}^*(v_0 + \Delta v) + \overline{A}^*(r_0)$$

如果拿这个值F^*跟$r_0 \leqslant r_P$时的局部最佳的f^*进行比较，若有

$$F^* > f^*$$

那么从理论而言，当$r_0 \in [r_P, r_P + \delta]$时的问题也就完全解决了。

对于$r_0 \in [r_P + \delta, r_A]$的情况，由于此时到$r_0$处引起的速度总损耗基本上只跟$r_0$有关，所以此时最佳发射轨道的惯性段仍是双内切的椭圆弧段。

对于这种最佳发射轨道，我们又可求最佳的r_0及其对应的推力，从而求出这个范围内的目标函数的局部最佳值，然后与f^*去进行比较。

2.11.3　$r_0 \geqslant r_A$ 的情况

由于此时到r_0时引起的速度总损耗基本上也只跟r_0有关，所以此时对应的最佳发射轨道仍是如图 2-49 所示。

同样，对于这种最佳发射轨道，我们又可求最佳的r_0及其对应的推力，从而求出这个范围内的目标函数的局部最佳值，然后与f^*去进行比较。

像上一节那样的情况，按经验来判断最佳的r_0^*可能在$r_0^* \leqslant r_P$的范围内，但从理论上应该给以论证。

如果对于允许范围内任一给定的推力，不管$r_0 \in [r_P, r_A)$还是$r_0 \in [r_A, +\infty)$，它们对应的最佳发射轨道所对应的最佳指标值总是大于f^*，那么根据上面的详细分析，应该说从理论上也给以说明了。但到底不是通过解析解来说明，而是通过数值解来说明的，点又取不完，所以只能说"理论上应该说也给以说明了"。

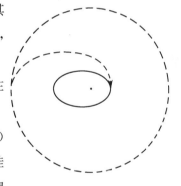

图 2-49　$r_0 \geqslant r_A$ 时发射
优化分析

但若情况不是上面所述的那样呢？因为经验到底不能代替科学。所以原则上我们还是应该分别求出$r_0 < r_P$，$r_0 \in [r_P, r_P + \delta]$，$r_0 \in [r_P + \delta, r_A]$和$r_0 > r_A$这 4 个范围内的最佳值，不妨记为$F_i(i=1,2,3,4)$，那么$\min F_i(i=1,2,3,4)$就是此时的整体最佳值，它对应着整体最佳的推力及整体最佳的r_0等。这种做法与上面的方法比较起来，显然，F_1, F_3, F_4的计算是一样的。但算F_2时，现在的做法是实实在在地在$r_0 \in [r_P, r_P + \delta]$范围内找实际允许的二次

曲线弧段分别作为最佳发射轨道的惯性段,从而基本上确定 $r_0 \in [r_P, r_P + \delta]$ 范围内的最佳值 F_2(详见下节)。而上面的方法实际上是只算了 $r_0 \in [r_P, r_P + \delta]$ 这个范围内最佳发射轨道其对应指标值的下限,那自然简单了。

其他的问题,显然也可根据以前有关的理论来类似地进行处理。

2.12　例子分析(2)

2.12.1　类似实例模型的第二种求整体最佳三段式发射轨道的方法

从上节可知,如果在 $r_0 < r_P$ 以外的其他范围内,存在最佳值其对应之 $F < F_1$ 或上节中的 $F^* < f^*$,那么此时不但迂回未必不好而且此时整体最佳值也得重新确定。

对于给定的允许范围内的推力 P,先求出 $r_0 < r_P$ 及 $r_0 \in [r_P + \delta, r_A]$ 和 $r_0 > r_A$ 时的范围最佳值,然后求 $r_0 \in [r_P, r_P + \delta]$ 时的范围最佳值。

此时对某一固定的 r_0 其对应的损耗不但跟 r_0 有关而且随 v_0 增大而减小,所以此时双内切发射也不一定为最佳。

但我们可先在椭圆发射轨道中选几条,例如图 2-50 和图 2-51 所示的双内切发射轨道和双外切发射轨道以及在 Q 处或 Q' 处直接进入等。

再看抛物型和双曲型的发射轨道。

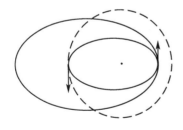

图 2-50　双内切发射轨道

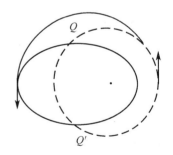

图 2-51　双外切发射轨道

如果上节定义的 $\bar{v}_0 \geqslant \sqrt{\dfrac{2\mu^2}{r_0}}$,那么在 $\left[\sqrt{\dfrac{2\mu^2}{r_0}}, \bar{v}_0\right]$ 范围内分别取 $\bar{v}_0$ 及 $\sqrt{\dfrac{2\mu^2}{r_0}}$ 作为 v_0,在目标轨道的远地点(如果可以的话)及近地点处进入。

然后再考虑不同的 r_0 及不同的 P,从而大致可确定 $r_0 \in [r_P, r_P + \delta]$ 范围内的最佳值 F_2。

最后比较 $F_i(i=1,2,3,4)$,从而求出 $r_0 \in (0, +\infty)$ 这一范围内的整体最佳值,它实际上就对应着整体最佳三段式发射轨道(当然包括整体最佳推力和整体最佳 r_0)。

如果整体最佳值确是 F_1，那就说明此种情况下迂回发射不好是对的。否则，就未必如此。

至于抛物线、双曲线作为发射轨道(参见图 2-52、图 2-53)的惯性段及双外切椭圆发射轨道，它们所对应的 F 值的具体计算，显然可像以前 2.5 节那样进行。

2.12.2 两种模型的停泊式发射分析

根据以前的理论，向地球静止轨道卫星轨道发射卫星，采用停泊式轨道发射，那么我们得到如下结论：

如果损耗仅跟关机点 r_0 有关而跟 v_0 无关，此时，若 $\bar{r}_0$ 是三段式整体最佳发射轨道的 r_0，那么以 $\bar{r}_0$ 为半径的圆周停泊轨道以及以 $\bar{r}_0$ 为近地距(像图 2-52 部分所示)的无数多个椭圆停泊轨道以及它们的极限本身——即三段式整体最佳发射轨道所属的那个椭圆轨道，都是此时的整体最佳的停泊轨道，此时它们所耗费的能量一样，但点火次数是三段式发射少。

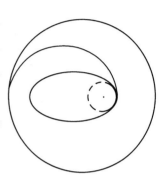

图 2-52　停泊式过渡示意图(1)

如果损耗不仅跟 r_0 有关而且随 v_0 的增大而减小，此时若 $\bar{r}_0$ 是三段式整体最佳发射轨道的 r_0，那么若把此时的三段式整体最佳发射轨道所属的那个椭圆轨道也看做停泊轨道，显见这个停泊轨道是此时的整体最佳停泊轨道，其他像图 2-52 所示的所有停泊轨道都将比它差。

谈得具体点就是：

1)三段式最佳发射轨道对应的能量为最省；

椭圆轨道停泊式发射为其次(特例除外)；

圆轨道停泊式发射为最差。

2)从图 2-53 可见，从三段式最佳发射轨道到圆轨道停泊式发射其中间是无数个椭圆轨道停泊式发射。

如果损耗基本上只跟 r_0 有关，那么以前已知这无数个椭圆轨道停泊式发射其对应的能量基本上是相同的。

如果损耗不仅跟 r_0 有关，而且随 r_0 处的 v_0 增大而减小，那么这无数个椭圆轨道停泊式发射其对应的能量也将各有区别。随着长轴的增大(即随着 v_0 向三段式最佳发射轨道对应的 v_0 的逼近)与三段式最佳发射轨道所对应的能量越来越接近。

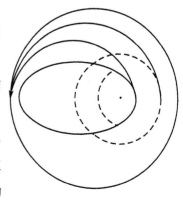

图 2-53 停泊式过渡示意图(2)

如果一定要圆周轨道停泊式发射呢？

我们知道，如果损耗基本上仅跟 r_0 有关，那么以前已知，与 $r_{01}=\bar{r}_0$（$\bar{r}_0$ 代表整体最佳 r_0）对应的圆周轨道停泊式发射一定比其他任何的与 $r_{0i}(i=2,3,\cdots)$ 对应的圆周轨道停泊式发射好。

如果损耗不仅跟 r_0 有关，而且随 r_0 处的 v_0 增大而减小，那么从上可知，与 $r_{01}=\bar{r}_0$ 对应的圆周轨道停泊式发射，是不是一定比与 $r_{0i}(i=2,3,\cdots)$ 对应的圆周轨道停泊式发射好，就要由具体计算来决定。

2.13　一般情况下停泊式整体最佳发射和三段式整体最佳发射及其比较

本节将对本章的全部内容作一个初步的总结。

(1) 考虑损耗仅跟 r_0 有关时其三段式整体最佳发射轨道的求法

不妨假定目标轨道为一椭圆轨道，圆轨道是椭圆轨道的特例。

对于一给定的推力，显见有以下结果。

1) 如果 $r_0 \leqslant r_P$，那么其最佳发射轨道如图 2-54 所示。

2) 如果 $r_P < r_0 < r_A$，那么其最佳发射轨道如图 2-55 所示。

3) 如果 $r_0 \geqslant r_A$，那么其最佳发射轨道如图 2-56 所示。

对以上各种情况进行比较，就可得这个推力下的最佳发射轨道及最佳 r_{01}。

然后改变推力，再重复上述计算，又可得出新推力情况下的最佳发射轨道及最佳 r_{02}。

……

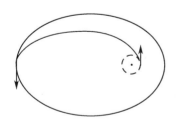 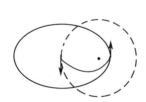 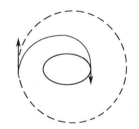

图 2-54　$r_0 < r_P$ 时　　图 2-55　$r_P < r_0 < r_A$ 时　　图 2-56　$r_0 > r_A$ 时

最佳发射轨道(2)　　最佳发射轨道(2)　　最佳发射轨道(2)

重复计算若干次后我们大致上就可得整体最佳推力 F^*，整体最佳 r_0^* 及其对应的三段式整体最佳发射轨道。

当然，如果我们要在 $r_0 = r_P$ 及 $r_0 = r_A$ 处直接计算，那也很简单，但比较范围要加上 $r_0 < r_P$，$r_P < r_0 < r_A$，$r_0 > r_A$ 这 3 种基本情况。这种想法类似地在考虑最佳停泊轨道时也会碰上。

再则当目标轨道是圆周轨道时，设此圆周轨道的半径为 R，显见这时的三段式整体最佳发射问题只要考虑 $r_0 < R$ 及 $r_0 > R$ 的最佳发射情况再加上 $r_0 = R$ 时的直接进入。当然这时情况明显地简化了，但本节的下面部分会几次碰到。

（2）考虑损耗仅跟 r_0 有关且可考虑二次优化时其整体最佳停泊轨道的求法

不妨设停泊轨道是圆周停泊轨道，并设此圆停泊轨道的半径为 R；如果停泊轨道是椭圆轨道，显见可以进行类似的计算。

当然，我们的目标轨道仍为原来的椭圆轨道。

对于一给定的推力，显见有以下结果。

1）如果圆停泊轨道如图 2-57 所示，即 $R \leqslant r_P$，那么把此停泊轨道作为新的目标轨道，对这新的目标轨道进行（1）中所述的最佳发射，然后根据最佳转移的理论由停泊轨道进行图 2-57 所示的转移。

2）如果圆停泊轨道如图 2-58 所示，即 $r_P < R < r_A$，那么把此停泊轨道也作为新的目标轨道，对这新的目标轨道进行（1）中所述的最佳发射，然后根据最佳转移的理论由停泊轨道进行图 2-58 所示的双外切转移。

3）如果圆停泊轨道如图 2-59 所示，即 $R \geqslant r_A$，那么把此停泊轨道也作为新的目标轨道，对这新的目标轨道进行（1）中所述的最佳发射，然后根据最佳转移的理论由停泊轨道进行图 2-59 所示的转移。

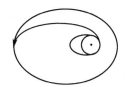

图 2-57　停泊式
发射优化分析（1）

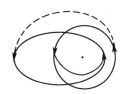

图 2-58　停泊式
发射优化分析（2）

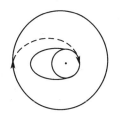

图 2-59　停泊式
发射优化分析（3）

对以上各种情况进行比较，就可得这个推力下的最佳停泊轨道。

对于给定的另一推力，再重复上述工作，又可得新推力下的最佳停泊轨道。

……

重复计算若干次后我们就基本上确定了整体最佳推力 F^*，整体最佳 r_0^* 及整体最佳停泊轨道。

但请注意：工程上常出现直接进入停泊轨道，显见那时求整体最佳停泊轨道则更简单，因为对停泊轨道进行最佳发射这一过程没有了。

（3）（当损耗仅同 r_0 有关时）对三段式最佳发射与停泊式最佳发射作比较和分析

先考虑直接进入停泊轨道的情况。

1）$R^* \leqslant r_P$，这里 R^* 是整体最佳停泊轨道的半径。

我们从前面已知（见图 2-57）：这时在 $r_0 = R^*$ 的三段式最佳发射与以 R^* 为圆半径的整体最佳停泊式发射其所需的能量是一样的。但整体最佳三段式发射的 r_0^* 不一定有 $r_0^* < r_P$。如果 $r_0^* < r_P$，那么 $r_0^* = R^*$。当然此时在整体最佳三段式发射轨道与整体最佳停泊轨道中间的无穷个椭圆轨道都可作为此时的整体最佳停泊轨道，但三段式最佳发射的点火次数比停泊式最佳发射的点火次数少。

反之，若 $r_0^* < r_P$ 那么显然有 $R^* < r_P$ 并且 $r_0^* = R^*$。

其他情况，r_0^* 与 R^* 就没有这么好的对应关系。详细可见下节。

2）$r_P < R^* < r_A$（见图 2-58）。

如果这时 $r_0 = R^* \in (r_P, r_A)$ 对应着最佳发射（三段式）轨道，那么据前面结果我们知：此时的三段式最佳发射轨道优于此时的整体最佳停泊式发射，因为后者的能量跟其对应的双外切发射一致。

而整体最佳三段式发射的 r_0^* 不一定在 (r_P, r_A) 范围内，当然也不一定 $r_0^* = R^*$。所以这种情况下的整体最佳三段式发射从能量角度看也比停泊式整体最佳发射好。

3）$R^* > r_A$（见图 2-59）。

类似地，显见此时三段式整体最佳发射轨道也比停泊式整体最佳发射好。

综上所述：如果是直接进入停泊轨道，那么从能量角度看三段式整体最佳发射比停泊式整体最佳发射好（起码两者相等），而且点火次数少；但采用停泊式整体最佳发射有搜集信息量大从而转移时更准确等优点，所以停泊式发射也不可拒绝。

但如果不是直接进入停泊轨道，例如整体最佳停泊式发射时的最佳 $R = R^* < r_P$，而向 R^* 圆轨道进行最佳发射时的最佳 $r_0 < R^*$，那么此时从能量角度看整体最佳停泊式发射还有可能比整体最佳三段式发射好，当然点火次数又增加了。其他情况也可类似讨论。

（4）考虑损耗不仅跟 r_0 有关而且跟 v_0 有关时，其整体最佳发射轨道的求法。不妨以书中实例为例

显见，对于一给定的推力，有如下结果。

1）如果 $r_0 \leqslant r_P$，那么优上加优，所以此时的最佳三段式发射轨道仍是图 2-54 所示。

2）如果 $r_0 \in (r_P, r_P + \delta)$，那么按以前所述的方法可求出此时的最佳三段式发射轨道。

3）如果 $r_0 \in (r_P + \delta, r_A)$，那么显见此时最佳三段式发射轨道仍是图 2-55 所示。

4）如果 $r_0 \geqslant r_A$，那么显见此时最佳三段式发射轨道仍是图 2-56 所示。

对以上各种情况进行计算，就可得这个推力下的最佳三段式发射轨道的最佳 r_{01}。

然后改变推力，再重复上述计算，又可得新推力情况下的最佳三段式发射轨道的最佳 r_{02}。

……

重复计算若干次后我们就可得此时的整体最佳推力 F^*，整体最佳 r_0^* 及其对应的整体最佳三段式发射轨道。

（5）损耗不仅跟 r_0 有关而且跟 v_0 有关时，其整体最佳停泊轨道的求法

不妨设此时的停泊轨道也仍是圆周轨道。显见根据对那个实例的具体分析我们可知：此时的整体最佳停泊轨道的求法跟（2）完全一致。

（6）当损耗不仅跟 r_0 有关而且跟 v_0 有关时，对三段式最佳发射与停泊式最佳发射作比较和分析

先考虑直接进入停泊轨道的情况。仍设 R^* 是整体最佳圆停泊轨道的半径。

1）$R^* < r_P$（见图 2-57）。

由于与 $R^* = r_0$ 对应的三段式最佳发射轨道此时优于停泊式整体最佳发射轨道，所以此时三段式整体最佳发射轨道必优于此时的停泊式整体最佳发射，而且这时整体最佳 r_0^* 也不一定是 R^*。

2）$r_P < R^* < r_P + \delta$（见图 2-58）。

过去在考虑损耗仅跟 r_0 有关时，由于双外切三段式最佳发射与停泊式最佳发射能量一样，而双内切三段式最佳发射比双外切三段式最佳发射好，所以我们从能量角度说是三段式优于停泊式。

显见当 $R^* \in (r_P + \delta, r_A)$ 时就是上述的这种情况，所以当 $R^* \in (r_P + \delta, r_A)$ 时三段式优于停泊式的结论仍成立。

但现在还要考虑到损耗随 v_0 增大而减小，所以此时的停泊式最佳发射将比此时的三段式双外切最佳发射差。而这一范围内的三段式最佳发射所消耗的能量小于或等于此时双外切三段式最佳发射所消耗的能量，因此即使考虑到损耗不仅跟 r_0 有关而且跟 v_0 有关时，在此范围内仍有三段式最佳发射比停泊式最佳发射好。

3）对于 $r_P + \delta < R^* < r_A$ 的情况，2）中已指出此时三段式最佳发射比停泊式最佳发射好。

4）当 $R^* \geqslant r_A$，此时与 $R^* \in (r_P + \delta, r_A)$ 一样，由于损耗仅跟 r_0 有关，所以我们仍有整体最佳的三段式发射优于整体最佳的停泊式发射。

综上所述可见：对于损耗不仅跟 r_0 有关而且跟 v_0 有关的情况，如果直接进入停泊轨道，那么从能量角度来说仍有三段式整体最佳发射轨道优于停泊式整体最佳发射轨道，而且点火次数少。

另外，由于在各个范围内，三段式最佳发射轨道所消耗的能量，总是优于或等于停泊式最佳发射轨道所消耗的能量，也可说明整体最佳三段式发射轨道总是优于停泊式整体最佳发射

轨道；不管第一种模型还是第二种模型，都是如此。当然是直接进入停泊轨道情况，否则就不一定，前已叙述。

但若不是直接进入停泊轨道，如向停泊轨道进行最佳发射时不是直接进入好。这时前面已谈到：即使从能量的角度看三段式整体最佳发射也不一定比停泊式整体最佳发射好，它点火次数少是肯定的，但信息量的搜集等远远不如停泊式。

最后请注意：(4)，(5)，(6)这 3 部分都与书中的那个仿真实例有关系。

其他情况，显然可以类似地讨论。

另外还请注意：如果 r_0 能达到的高度有限（这实际上是增加一个约束条件），例如 $r_0 < r_P$（这里 r_P 是目标轨道近地点的距离）等，那么这时的整体最佳发射轨道问题就在这一约束条件下解决。

其他的约束或限制显然可类似地考虑。

例如书中的那个实例就有 $r_0 < r_P$ 的限制，因此那个实例的 $r_0^* < r_P$。并且有 $R^* < r_P$ 和 $R^* = r_0^*$，当然这是对直接进入停泊轨道而且损耗基本上仅跟 r_0 有关而言的。但若损耗不仅跟 r_0 有关，而且跟 v_0 有关，那么此时虽仍有 $r_0^* < r_P, R^* < r_P$；但 R^* 等于 r_0^* 就不一定。

2.14 R^* 与 r_0^* 的关系

上节告诉我们：

1）整体最佳三段式发射轨道怎样求及如何确定整体最佳的 r_0 即 r_0^*。

2）整体最佳停泊式发射轨道怎样求及如何确定整体最佳的 R 即 R^*。

3）对三段式的整体最佳发射轨道和停泊式的整体最佳发射轨道的优劣进行了比较和分析。

本节是对 r_0^* 和 R^* 的关系进行分析。

当然本节的分析和结果都是建立在直接进入圆停泊轨道这一基础上，对于不是直接进入停泊轨道的情况，以前我们已有叙述不再重复。

第 1 种模型（即损耗仅跟 r_0 有关）下 r_0^* 与 R^* 之间的关系如下。

1）若 $r_0^* < r_P$，显见此时与 r_0^* 对应的 R 是 R^*，即此时 $r_0^* = R^*$。

2）若 $r_P < r_0^* < r_A$，显见此时与 r_0^* 对应的 R 不一定是 R^*。

3）若 $r_0^* > r_A$，显见此时与 r_0^* 对应的 R 不一定是 R^*。

上述情况是在已知了 r_0^* 的情况下。反之在 R^* 已知的情况下又如何？显见：

1）若 $R^* < r_P$，那么此时与 R^* 对应的 r_0 不一定是 r_0^*。

2）若 $r_P < R^* < r_A$，那么此时与 R^* 对应的 r_0 也不一定是 r_0^*。

3）若 $R^* > r_A$，显见此时与 R^* 对应的 r_0 也不一定是 r_0^*。

这样第 1 种模型下 R^* 与 r_0^* 的关系讨论完毕。

第 2 种模型（损耗不仅跟 r_0 有关而且跟 v_0 有关）下 r_0^* 与 R^* 之间的关系如下（以书中实例为例）。

1）在 $r_0^* < r_P$ 时，显见此时与 r_0^* 对应的 R 不一定是 R^*。

2）在 $r_P < r_0^* < r_P + \delta$ 时，显见此时与 r_0^* 对应的 R 不一定是 R^*。

3）在 $r_P + \delta < r_0^* < r_A$ 时，显见此时与 r_0^* 对应的 R 不一定是 R^*。

4）$r_0^* > r_A$ 时，显见此时与 r_0^* 对应的 R 不一定是 R^*。

反之，在已知 R^* 之后：

1）若 $R^* < r_P$，显见此时与 R^* 对应的 r_0 不一定是 r_0^*。

2）若 $r_P < R^* < r_P + \delta$，显见此时与 R^* 对应的 r_0 不一定是 r_0^*。

3）若 $r_P + \delta < R^* < r_A$，显见此时与 R^* 对应的 r_0 不一定是 r_0^*。

4）若 $R^* > r_A$，显见此时与 R^* 对应的 r_0 不一定是 r_0^*。

这样第 2 种模型下 R^* 与 r_0^* 的关系我们也讨论完毕。

若加个工程上的约束，即第一主动段的熄火点（即关机点）$r_0 < r_P$，显见这种情况工程上也常碰到，例如发射地球静止轨道卫星等。

在这种约束下，对第 1 种模型而言，此时 $r_0^* = R^*$ 恒成立。

不管是已知 r_0^* 求 R^*，或者反之已知 R^* 求 r_0^*，此时都有 $r_0^* = R^*$ 或 $R^* = r_0^*$，当然我们是在直接进入停泊圆周轨道的前提下。

这个性质好。因为求 r_0^* 也好，求 R^* 也好，本来是要各自进行数值计算的，工作量较大，现在有了这个性质，计算了一个另一个也知道了。

但若不加这个工程约束，就没有这么好的性质，最好的也是第 1 种模型中之（1）：求出了 r_0^* 也知道了 R^*，而其他情况的 r_0^* 或 R^* 则要分别求。

而对第 2 种模型而言，此时就没有这个好性质，它仍像本节前已所述的那样结果。

但若停泊轨道是那个与 r_0^* 三段式整体最佳发射重合的椭圆轨道，那么它在 $r_0 < r_P$ 的约束下，不但在第 1 种模型时是整体最佳停泊轨道，而且在第 2 种模型时也如此。尤其需指出的是，此种停泊式发射的点火次数也与 r_0^* 处三段式发射相同。

最后请注意：本节的所有结果都是按照 r_0^* 及 R^* 的定义严格计算的，但因为不复杂而且类似，故直接写出结果了。

2.15   特殊的停泊轨道和转移轨道及其应用

本节考虑的都是直接进入圆停泊轨道或椭圆停泊轨道的近地点的情况,讨论的那条整体最佳椭圆停泊轨道以前曾提到,本节则集中探讨它。

(1) $r_0 < r_P$ 的情况讨论如下

假若我们发射地球静止轨道卫星,那么显然有 $r_0 < r_P$(此实为地球静止轨道的圆半径)。

1) 当损耗仅跟 r_0 有关时,因为 $r_0^* < r_P$。从 r_0^* 处向目标轨道进行三段式整体最佳发射,设整体最佳发射值为 F。那么与此发射轨道相重合的那个大椭圆轨道若作为停泊轨道,以前已知其对应的停泊式发射值也为 F(转移是靠它自己转移,下同),而且也是整体最佳停泊式发射值。

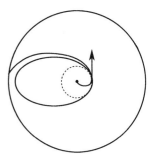

图 2-60   停泊式发射(1)

虽然它此时的发射总值与圆及圆至大椭圆之间的所有椭圆停泊轨道的停泊式发射总值一样(见图 2-60),但点火次数少。

2) 损耗不仅跟 r_0 有关,而且随 v_0 增大而减小的情况下。

显见,与 r_0^* 对应的三段式整体发射相重合的那个大椭圆停泊轨道,仍是整体最佳停泊式轨道。

此时,这条停泊轨道,不但能量(与 r_0^* 的整体最佳三段式发射一样)最省,而且点火次数少,它比图 2-60 所示的其他任何的椭圆停泊轨道和圆停泊轨道都优。

(2) 损耗仅跟 r_0 有关时的一般情况讨论如下

1) 当 $r_0^* < r_P$ 时,如图 2-60 所示,此时与 r_0^* 对应的三段式整体最佳发射相重合的那个大椭圆轨道其对应的停泊式发射是整体最佳停泊式发射,此时能量虽与其他最佳停泊式发射一致,但点火次数少。

2) 当 $r_P < r_0^* < r_A$ 时,如图 2-61 所示,此时与 r_0^* 对应的三段式整体最佳发射是双内切发射,而与那个双内切发射重合的那个双内切椭圆轨道作为停泊轨道,那么此时的停泊式发射是整体最佳停泊式发射,它比圆周轨道停泊式发射能量省,而且点火次数少。

3) 当 $r_0^* > r_A$ 时,也可参见图 2-60 所示,此时与 r_0^* 对应的三段式整体发射相重合的那个大椭圆轨道,是整体最佳停泊式发射的停泊轨道。

所以对于损耗仅跟 r_0 有关的情况,与 r_0^* 对应的三段式整体最佳发射重合的那个椭圆轨道,若作为停泊轨道,那么此时的停泊式发射就是整体最佳停泊式发射,它不但能量与 r_0^* 的整体最佳三段式发射一致，而且点火次数也一样；从而比其他圆或椭圆停泊轨道好。

其实它比三段式发射也有好的地方，例如因为它是停泊式，所以收集信息多，可靠性大等。再则，这样的整体最佳椭圆停泊轨道，在求出了 r_0^* 后即可得到；这与圆周停泊轨道等也不同。那时，即使知道了 r_0^* 也不一定能立即确定 R^* 等（个别除外，见 2.14 节）。

（3）损耗不仅跟 r_0 有关而且随 v_0 的增大而减小的第 1 种情况讨论如下

这种情况下，当 $r_0 < r_P$ 时，损耗不仅跟 r_0 有关，而且随 v_0 的增大而减小；当 $r_P < r_0 < r_A$ 时，损耗基本上只跟 r_0 有关；当 $r_0 > r_A$ 时，损耗仅跟 r_0 有关。

显见：

1）当 $r_0^* < r_P$ 时，仍如图 2-60 所示。此时与 r_0^* 对应的三段式整体最佳发射重合的那个大椭圆轨道，其所对应的停泊式发射是整体最佳停泊式发射。

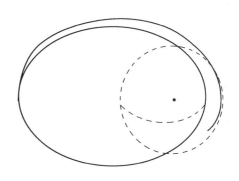

2）当 $r_P < r_0^* < r_A$ 时，仍如图 2-61 所示。此时与 r_0^* 对应的三段式整体发射轨道是双内切轨道；而与那个双内切发射轨道重合的双内切椭圆轨道仍是此时整体最佳停泊轨道。

图 2-61　停泊式发射（2）

3）当 $r_0^* > r_A$ 时，仍如图 2-60 所示，此时与 r_0^* 对应的三段式整体发射轨道重合的那个椭圆轨道仍是整体最佳停泊轨道。

从（1）、（2）、（3）可见，在它们那些情况下，三段式整体最佳发射与停泊式整体最佳发射是一一对应的。只要知道了 r_0^* 就可知道那个对应的整体最佳停泊椭圆轨道；反之，知道了那个整体最佳停泊椭圆轨道也就知道了 r_0^*，即知道了此时的整体最佳三段式发射。

（4）损耗不仅跟 r_0 有关而且随 v_0 增大而减小的第 2 种情况讨论如下

这种情况下，当 $r_0 < r_P$ 时，损耗不仅跟 r_0 有关而且随 v_0 增大而减小；当 $r_P < r_0 < r_P + \delta$ 时，损耗不仅跟 r_0 有关而且随 v_0 增大而减小；当 $r_P + \delta < r_0 < r_A$ 时，损耗基本上只跟 r_0 有关；当 $r_0 > r_A$ 时，损耗只跟 r_0 有关。

1）当 $r_0^* < r_P$ 时，仍如图 2-60 所示。此时与 r_0^* 对应的三段式整体最佳发射重合的那个大椭圆轨道仍是此时的整体最佳停泊轨道。

2）当 $r_P < r_0^* < r_P + \delta$ 时，如果是双曲发射（惯性段为双曲轨道，下同）或抛物发射为整体最佳三段式发射（工程上常常不可能，但理论上还是要讲），那就用双曲线或抛物发射；如果是椭圆发射为整体最佳三段式发射，例如如果是图 2-61 所示的双内切三段式发射为整体最佳发射，那么与此重合的那个双内切椭圆轨道，就是此时的整体最佳停泊轨道。

如果是图 2-61 所示双外切三段式发射为整体最佳，那么与此重合的那个双外切椭圆轨道，就是此时的整体最佳停泊轨道。

3）当 $r_P + \delta < r_0^* < r_A$ 时，仍是图 2-61 所示的双内切三段式发射为整体最佳，那么与此重合的那个双内切椭圆轨道，就是此时的整体最佳停泊轨道。

4）当 $r_0^* > r_A$ 时，仍如图 2-60 所示，此时与 r_0^* 对应的三段式整体发射轨道重合的那个椭圆轨道仍是整体最佳停泊轨道。

显见，此时三段式的 r_0^* 与整体最佳停泊轨道在 2）时可能有例外，其余情况仍是一一对应的。

所以三段式发射很重要，它是航天器最佳发射轨道理论的基础之一。此外，整体最佳三段式发射总是优于或等于所有的停泊式发射，因此与 r_0^* 对应的那条特殊轨道（个别无法对应）因其发射值跟 r_0^* 对应的整体最佳三段式发射值一样，所以它是整体最佳停泊轨道。这样说明更简洁，但印象不深。

（5）应用

现在我们把上述的成果应用到发射地球静止轨道卫星的实例之中，那里显然有 $r_0 < r_P$。

先看，此时与 r_0^* 一一对应的那个椭圆停泊轨道有一个好性质。

性质 1　与三段式整体最佳发射一一对应的那个椭圆轨道是不用进行内部优化的。

证明：不妨设如图 2-62 所示。

轨道 2 是与 r_0^* 一一对应的那个椭圆轨道。

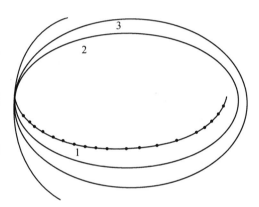

图 2-62　三段式最佳发射轨道

如果通过轨道 1 来再次优化，那么轨道 1→2→A（目标轨道）与轨道 1 作为三段式最佳发射所需的能量一样。

但轨道 2 是三段式整体最佳发射，所以轨道 2 优于轨道 1→2→A。

此外，除了与 r_0^* 对应的轨道 2 以外，与 r_0 一一对应的还有其他许多三段式最佳发射轨道。例如图 2-62 中的轨道 3 等。

如果轨道 3 是直接发射的，显然它比 r_0^* 对应的轨道 2 差。

如果把轨道 2 作为轨道 3 的再次优化，那么从轨道 2→3→A 可知，其所需的能量与轨道 2 所需的能量一样。但点火次数多了，入轨飞行的时间也长了。

如果把其他例如轨道 1 作为轨道 3 的再次优化，那么从轨道 1→3→A 可知，其所需的能量与轨道 1 所需的能量一样。不但没有轨道 2 好，而且同样有点火次数多和入轨飞行时间长的问题。

再则，如果把轨道 1 也看成最佳三段式发射的一个椭圆轨道，那么经过与上面类似的分析，我们仍得：不管轨道 1 是直接进入，还是对轨道 1 进行再次内部优化，它仍然不能优于轨道 2。

由此可得：

推论 1　不与三段式整体最佳发射一一对应，而与其他三段式最佳发射一一对应的椭圆轨道都不好。

例如图 2-62 中的轨道 3 等就是。

推论 2　根据上述所叙，可见 2.10 节中那个亚同步轨道决不是最佳转移轨道。

显见：与 r_0^* 对应的那个大椭圆轨道就比它好，所以若说 2.10 节是改正，这里则否定这条转移轨道。（如果不考虑工程上的特殊需要）。

从上可知：这个与 r_0^* 一一对应的椭圆轨道，它实际上具有多重身份：

1）三段式整体最佳发射轨道。

2）整体最佳椭圆停泊式轨道。

3）还可看做最佳转移轨道。

它能量省、入轨飞行时间短、点火次数也少。

2.16　三种模型下结果的异同

（1）第 1 种模型：损耗仅跟 r_0 有关

图示可参见前面的图 2-57～图 2-59，以及图 2-63 的直接进入。

1）当 $r_0 \leqslant r_P$ 时：

先看 $r_0 < r_P$，此时只有停泊式发射及三段式发射两种，从能量看大小一样，但点火次数是停泊式多。

再看 $r_0 = r_P$，这时三段式发射与直接进入重合，即 $r_0 = r_P$ 时的直接进入可看做 $r_0 = r_P$ 时三段式发射的特殊情况。

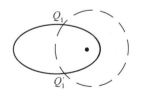

图 2-63　直接进入

所以我们说，当 $r_0 \leqslant r_P$ 时，三段式发射好，包括 $r_0 = r_P$ 时的直接进入。

设这段（即 $r_0 \leqslant r_P$）局部最佳的 r_0 为 r_{01}，那么可能 $r_{01} < r_P$ 也可能 $r_{01} = r_P$。

2）当 $r_P < r_0 < r_A$ 时：

首先我们证明了，从外面向目标轨道进行三段式发射时，其惯性段双曲、抛物轨道均不好，而是椭圆惯性段好。而从内部向目标轨道作三段式切向发射时，其惯性段双曲、抛物子弧均不存在。

其次我们知道，对于像图示的这种情况其双外切转移优于双内切转移；而与双外切转移对应的三段式发射其消耗的能量又与双外切转移一样，而且点火次数少。

而当三段式发射轨道的惯性段是椭圆轨道时，内、外发射都不如在 Q_1（或 Q'_1）处直接进入。

可是我们找到的那个双内切三段式最佳发射又优于在 Q_1（或 Q'_1）处直接进入。

所以我们找到的那个双内切的三段式最佳发射是这一段（$r_P < r_0 < r_A$）内最佳发射，它比这段内的停泊式发射和直接进入好。

设 r_{02} 为这个局部最佳的 r_0。

3）当 $r_0 \geqslant r_A$ 时：

先看 $r_0 > r_A$，我们知道此时也有停泊式发射和三段式发射两种，而且三段式发射优于停泊式发射。

再看 $r_0 = r_A$，这时三段式发射与在 $r_0 = r_A$ 处直接进入重合。所以 $r_0 = r_A$ 处的直接进入可看做此时三段式发射的特殊情况。

所以我们说，当 $r_0 \geqslant r_A$ 时，三段式发射好（包括 $r_0 = r_A$ 处的直接进入）。

记这一段（$r_0 \geqslant r_A$）局部最佳的 r_0 为 r_{03}，那么可能 $r_{03} > r_A$，也可能 $r_{03} = r_A$。

综上所述可知，在第 1 种模型下，三段式发射好。把 $r_{0i}(i=1,2,3)$ 对应的指标函数值比较后可得整体最佳的 r_0 即 r_0^*。

因此当 $r_0^* = r_P$ 或 $r_0^* = r_A$ 时，直接进入好。

当 $r^* \neq r_P$ 并且 $r_0^* \neq r_A$ 时，此时与 r_0^* 对应的三段式发射为整体最佳发射。

特殊情况如 $r_0 < r_P$，那么与 r_0^* 对应的整体最佳三段式发射好。

无论停泊轨道是圆轨道还是椭圆轨道，显见结论均成立。当然我们这里讨论的都是直接进入停泊轨道的情况，下面几种模型也是如此。

另外，我们的比较是从能量角度来比较。其实工程上也是常采用停泊式发射的。虽然从能量角度看它并非最好，但它具有获取信息量大、入轨比较精确等优势，所以工程上也是不排除的。下面的讨论也是如此。

（2）第 2 种模型：损耗在 $r_0 \leqslant r_P$ 时不仅跟 r_0 有关而且随 v_0 增大而减小

但后面这个影响随 r_0 增大而减弱，当 $r_0 > r_P$ 时即在 $r_P < r_0 < r_A$ 及 $r_0 \geqslant r_A$ 时，损耗仅跟 r_0 有关而跟 v_0 无关。

1）当 $r_0 \leqslant r_P$ 时，这时优上加优，结果仍是与局部最佳 r_{01} 对应的三段式发射好（包括 $r_{01} = r_P$ 时的直接进入）。

2）当 $r_P < r_0 < r_A$ 时，结果与第 1 种模型的 2）一样。

3）当 $r_0 \geqslant r_A$ 时，结论与第 1 种模型的 3）一样。

因此这时结论仍为第 1 种模型下的结论。

（3）第 3 种模型：损耗在 $r_0 < r_P + \delta$ 时不仅跟 r_0 有关而且随 v_0 增大而减小

但这后面的影响随 r_0 增大而减弱。所以当 $r_0 > r_P + \delta$ 时即在 $r_P + \delta < r_0 < r_A$ 及 $r_0 \geqslant r_A$ 时，损耗仅跟 r_0 有关而跟 v_0 无关。

1）当 $r_0 \leqslant r_P$ 时，结果与第 1 种模型的 1）一样，仍是局部最佳 r_{01} 对应的三段式发射好（包括 $r_{01} = r_P$ 时的直接进入）。

2）当 $r_P < r_0 < r_P + \delta$ 时：

a）过去是外面三段式发射时，惯性段双曲、抛物都不如椭圆段好，现在则不一定。因为损耗起了变化，下面也如此。所以这时从外面进行三段式发射时，双曲、抛物、椭圆段等都要计算，但内部发射可不必考虑。

b）与双外切转移对应的三段式发射其所消耗的能量过去与双外切一样，现在是优上加优。

过去是双外切转移优于双内切转移，现在仍成立。

所以此时停泊式发射仍可不考虑。

c）过去三段式发射其惯性段是椭圆时，内、外发射都不及在 Q_1（或 Q_1'）处的直接进入。现在不一定。

d）过去我们找到的那个双内切的三段式发射优于在 Q_1（或 Q_1'）处的直接进入。现在也不一定。这就是说，我们这里要计算的虽然还是三段式与直接进入两类，但这里的三段式发射已不仅仅是过去那个双内切的三段式发射，而且要考虑惯性段是双曲、抛物等子弧的三段式发射。这里的直接进入也不仅仅是 r_P 及 r_A 处的直接进入，还要考虑在 Q_1（或 Q_1'）类处的直接进入。考虑直接进入的点这里也变成了无穷多个。

不妨设这个局部最佳的 r_0 为 r_{02}'。

2）$r_P + \delta \leqslant r_0 < r_A$，此时结论与第 1 种模型的 2）一样，与局部最佳 r_{02} 对应的三段式发射好。

3）$r_0 \geqslant r_A$，此时结论与第 1 种模型的 3）一样，与局部最佳 r_{03} 对应的三段式发射好（包括 $r_{03} = r_A$ 时的直接进入）。

综上所述可见，在第 3 种模型下，我们得到的好像还是原来的结论。

如果 $r_0 < r_P$，那么与 r_0^* 对应的整体最佳三段式发射好。

如果 r_0 是一般情况，虽然结论仍为不是三段式就是直接进入好，但这里三段式发射和直接进入的含义已与第 1 种和第 2 种模型中的情况不同，这里含义更广泛了。

但是，我们在仿真试验中碰到的是第 2 种模型，工程中也有很多情况是第 1 种模型。因此以后会不会碰到第 3 种模型，这很难说，但理论上是应该讨论的。

即使在第 3 种模型时，会不会在第 3 种模型的 2′) 情况下仍是那个双内切三段式最佳发射好？这也很有可能。因为损耗引起的差异若小于 $\Delta v + v_0$ 引起的差异，那么就产生这种情况。当然那时结论也就跟第 1 种和第 2 种模型的结论一样了。否则，第 3 种情况的结论就是上面所述的结论。

至于二次优化和多次优化问题，书中已有叙述，这里不再重复。

2.17　本章初步总结

1）损耗仅跟 r_0 有关时其最佳发射轨道的求法。

假设目标轨道为一椭圆轨道，圆轨道是椭圆轨道的特例。并设椭圆轨道的近点距为 r_P，远点距为 r_A，关机点为 r_0。

对于一给定的推力：

a）如果 $r_0 \leqslant r_P$，那么就可求出其最佳发射轨道如图 2-64 所示；我们说 $r_0 \leqslant r_P$ 时，解决了此时的最佳发射轨道问题，这不但指 r_0 确定了下来，而且把 v_0，α（火箭运动方向与径向的夹角）等利用优化条件计算了出来，还利用优化条件把抛物、双曲弧段也排除了……

b）如果 $r_P < r_0 < r_A$，那么就可求出其最佳发射轨道如图 2-65 所示；

c）如果 $r_0 \geqslant r_A$，那么就可求出其最佳发射轨道如图 2-66 所示。

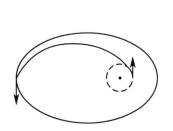 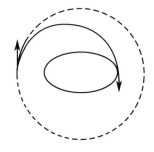

图 2-64　$r_0 \leqslant r_P$ 时　　　　图 2-65　$r_P < r_0 < r_A$ 时　　　　图 2-66　$r_0 \geqslant r_A$ 时

三段式最佳发射　　　　　三段式最佳发射　　　　　三段式最佳发射

对以上各种情况进行比较（如果 $r_0 < r_P$，$r_P < r_0 < r_A$ 等各范围内，各多算几个 r_0 那就更好，4）中也是如此），就可得出这个推力下的整体最佳发射轨道及最佳 r_{01}。

然后改变推力，再重复上述计算，又可得出整体最佳发射轨道及最佳 r_{02}。

……

重复计算若干次后再比较大致上就可得整体最佳推力 F^*，整体最佳 r_0^* 及其对应的真正的整体最佳发射轨道。这样就解决了整体最佳发射轨道问题。

再则当目标轨道是圆周轨道时,设此圆周轨道的半径为 $\bar{R}$,显见这时的整体最佳发射问题只要考虑 $r_0<\bar{R}$ 及 $r_0>\bar{R}$ 的最佳发射情况再加上 $r_0=\bar{R}$ 时的直接进入。当然这时情况明显简化了,但在书中会几次碰到。

2)损耗仅跟 r_0 有关时其最佳停泊轨道的求法。

假设停泊轨道是圆周停泊轨道,并假设此圆停泊轨道的半径为 $\bar{R}$。

对于一给定的推力:

a)如果停泊轨道如图 2-67 所示,即 $\bar{R}\leqslant r_P$,直接进入,然后由停泊轨道进行如图 2-67 所示的转移。这样就解决了这种类型的最佳停泊式发射问题。

b)如果停泊轨道如图 2-68 所示,即 $r_P<\bar{R}<r_A$,直接进入,然后由停泊轨道进行如图 2-68 所示的双外切转移。这样就解决了这种类型的最佳停泊式发射问题。

c)如果停泊轨道如图 2-69 所示,即 $\bar{R}\geqslant r_A$,直接进入,然后由停泊轨道进行如图 2-69 所示的转移。这样就解决了这种类型的最佳停泊式发射问题。

对以上各种情况进行比较(如果 $\bar{R}\leqslant r_P$,$r_P<\bar{R}<r_A$ 等各范围内,各多算几个 $\bar{R}$ 那就更好)就可得出这个推力下的最佳停泊轨道。

对于给定的另一推力,再重复上述工作,又可得出这新推力下的最佳停泊轨道。

……

重复计算若干次,基本上确定了整体最佳推力 F^*,整体最佳 r_0^* 及整体最佳停泊轨道。这样就解决了此时的整体最佳停泊轨道的求法问题。

3)损耗仅跟 r_0 有关时三段式最佳发射与停泊式最佳发射的比较和分析。

先考虑直接进入停泊轨道的情况。

a)$\bar{R}^*\leqslant r_P$,这里 $\bar{R}^*$ 是整体最佳停泊轨道的半径。

从前面已知(见图 2-67),这时在 $r_0=\bar{R}^*$ 的最佳三段式发射与 $\bar{R}^*$ 为圆半径的整体最佳停泊式发射所需的能量是一样的。但整体最佳三段式发射的 r_0^* 不一定有 $r_0^*<r_P$。如果 $r_0^*<r_P$,那么 $r_0^*=\bar{R}^*$。当然此时在整体最佳发射轨道与整体最佳停泊轨道中间的无穷个椭圆轨道都可作为此时的整体最佳停泊轨道,但三段式最佳发射的点火次数比停泊式最佳发射的点火次数少。这样就解决了此时的最佳三段式发射与最佳停泊式发射的比较问题,而且把此时的 r_0^* 与 $\bar{R}^*$ 的关系也搞清楚了。

b)$r_P<\bar{R}^*<r_A$(见图 2-68)。

如果这时 $r_0=\bar{R}^*\in(r_P,r_A)$ 对应着最佳发射(三段式)轨道,那么根据前面的结果知道,此时的三段式最佳发射轨道优于此时的整体最佳停泊式发射。因为后者的能量跟其对应的双外切发射一致。

而整体最佳三段式发射的 r_0^* 不一定有 $r_0^*\in(r_P,r_A)$,当然也不一定 $r_0^*=\bar{R}^*$,所以这种情况下的整体最佳三段式发射从能量角度看绝对不会比停泊式的整体最佳发射差。这样就解决了此时的最佳三段式发射与最佳停泊式发射的比较问题，而且把此时的 r_0^* 与 $\bar{R}^*$ 的关系也搞清楚了。

c) $\bar{R}^* > r_A$（见图 2-69）。

类似显见此时三段式整体最佳发射轨道也比停泊式整体最佳发射好。这样就解决了此时的最佳三段式发射与最佳停泊式发射的比较问题，而且把此时的 r_0^* 与 $\bar{R}^*$ 的关系也搞清楚了。

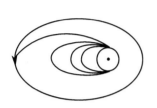

图 2-67　$\bar{R} \leqslant r_P$ 时

最佳停泊式发射

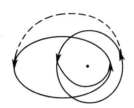

图 2-68　$r_P < \bar{R} < r_A$ 时

最佳停泊式发射

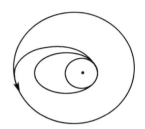

图 2-69　$\bar{R} > r_A$ 时

最佳停泊式发射

综上所述，如果是直接进入停泊轨道，那么从能量角度看三段式整体最佳发射好，而且点火次数少。但采用停泊式整体最佳发射有搜集信息量大，从而转移时更准确等优点，所以停泊式发射也不可拒绝。

4）损耗不仅跟 r_0 有关而且跟 v_0 有关时，其整体最佳发射轨道的求法。

对于一给定的推力：

a) 如果 $r_0 \leqslant r_P$，那么优上加优，此时的最佳发射轨道仍是图 2-64 所示；

b) 如果 $r_0 \in (r_P, r_P + \delta)$，那么按书中所述的方法可以求出此时的最佳发射轨道；

c) 如果 $r_0 \in (r_P + \delta, r_A)$，那么此时的最佳发射轨道仍是图 2-65 所示；

d) 如果 $r_0 \geqslant r_A$，那么此时的最佳发射轨道仍是图 2-66 所示。

对以上各种情况进行计算，就可得这个推力下的最佳发射轨道及最佳的 r_{01}。

然后改变推力，再重复上述计算，又可得这新推力情况下的最佳发射轨道及最佳的 r_{02}。

……

重复计算若干次后再比较就可得此时的整体最佳推力 F^*，整体最佳 r_0^* 及其对应的整体最佳发射轨道。这样就解决了此时的整体最佳发射轨道问题。

5）损耗不仅跟 r_0 有关而且跟 v_0 有关时，其整体最佳停泊轨道的求法。

假设此时的停泊轨道仍是圆周轨道。

显见根据书中的那个实例具体分析，可知此时的整体最佳停泊轨道的求法跟损耗仅跟 r_0

有关时完全一致。这样就解决了此时的整体最佳停泊轨道问题。

6）损耗不仅能跟 r_0 有关而且跟 v_0 有关时，三段式最佳发射与停泊式最佳发射的比较与分析。

先考虑直接进入停泊轨道的情况，仍设 $\bar{R}^*$ 是整体最佳圆停泊轨道的半径。

a）$\bar{R}^* < r_P$（见图 2-67）。

由于与 $r_0 = \bar{R}^*$ 对应的三段式最佳发射轨道此时优于停泊式整体最佳发射轨道，所以此时三段式整体最佳发射轨道必优于此时的停泊式整体最佳发射轨道，而且整体最佳 r_0^* 也不一定是 $\bar{R}^*$。这样就解决了此时的最佳三段式发射与最佳停泊式发射的比较问题，而且把 r_0^* 与 $\bar{R}^*$ 的关系也搞清楚了。

b）$r_P < \bar{R}^* < r_P + \delta$（见图 2-68）。

过去在考虑损耗仅跟 r_0 有关时，由于双外切三段式最佳发射与停泊式最佳发射能量一样，而双内切三段式最佳发射比双外切三段式最佳发射好，所以书中从能量角度说是三段式优于停泊式。

显见当 $\bar{R}^* \in (r_P + \delta, r_A)$ 时就是上述的这种情况，所以 $\bar{R}^* \in (r_P + \delta, r_A)$ 时三段式优于停泊式仍成立。

但现在还要考虑到损耗随 v_0 的增大而减小，所以此时的停泊式最佳发射将比此时的三段式双外切最佳发射差。而此范围的三段式最佳发射所耗费的能量小于等于此时双外切三段式最佳发射所耗费的能量，所以即使考虑到损耗不仅跟 r_0 有关而且跟 v_0 有关时，在此范围内仍有三段式最佳发射比停泊式最佳发射好。这样就解决了此时的最佳三段式发射与最佳停泊式发射的比较问题，而且把 r_0^* 与 $\bar{R}^*$ 的关系也搞清楚了。

c）$r_P + \delta < \bar{R}^* < r_A$。

前面在（2）中已指出此时三段式最佳发射比停泊式最佳发射好。

d）$\bar{R}^* > r_A$。

此时与 $\bar{R}^* \in (r_P + \delta, r_A)$ 一样，由于损耗仅跟 r_0 有关，所以仍有整体最佳的三段式发射优于整体最佳的停泊式发射。这样就解决了此时的最佳三段式发射与最佳停泊式发射的比较问题，而且把 r_0^* 与 $\bar{R}^*$ 的关系也搞清楚了。

综上所述可见，对于损耗不仅跟 r_0 有关而且跟 v_0 有关时，如果直接进入停泊轨道，那么从能量的角度来说仍有三段式整体最佳发射轨道优于停泊式整体最佳发射轨道，而且点火次数少。

最后应该注意的是，当损耗不仅跟 r_0 有关而且跟 v_0 有关时都是针对书中那个仿真实例进行讨论的。其他情况，显然类似可以讨论。另外还请注意：如果 r_0 能达到的高度有限（这实际上是加个约束），例如 $r_0 < r_P$，这里 r_P 是目标轨道近地点的距离等，那么这时的整体最

佳发射轨道问题就在这约束条件下解决。实际上，计算和讨论也就更简单了。其他的约束或限制显然可类似考虑。

通过前面的详细分析，对于直接进入圆停泊轨道的情况、三段式最佳发射与停泊式发射和直接进入的比较，显见我们可有如下结论。

7）特殊情况 $r_0 < r_P$ 时，三段式整体最佳发射好。

8）一般情况，对于第1种和第2种模型而言，如果 $r_0^* = r_P$ 或 $r_0^* = r_A$，那么直接进入好（三段式最佳发射的特殊情况）。如果 $r_0^* \neq r_P$ 并且 $r_0^* \neq r_A$，那么三段式整体最佳发射好。

对第3种模型而言，虽然结论仍是：不是直接进入好，就是三段式发射好，但这时直接进入和三段式发射的含义已比第1种和第2种模型更广泛。

其他的高、中、低轨道情况，可类似处理，得类似结论。

如果我们引入与三段式整体最佳发射 r_0^* 对应的那个椭圆轨道作为停泊轨道和转移轨道，那么除个别情况外［见2.15节之（4）］，在一次优化中它就是整体最佳停泊轨道。如果再对它进行最佳发射，并且也对一般停泊轨道作最佳发射，然后再作最佳转移（包括与 r_0^* 对应的那种椭圆轨道的特殊转移），然后进行比较，显见这是二次优化了，这样得出的整体最佳停泊轨道是二次优化的整体最佳停泊轨道，而上面（7）和（8）讨论的都是直接进入停泊轨道，所以得到的仅是一次优化的整体最佳停泊轨道。

其实轨道的最佳发射可能有一个多次优化的问题[①]，这样做点火次数增加，飞行时间增长，这对工程上都很不利，至于效益到底如何，书中已提供计算方法，这里不再重复。但一次优化就比它们毛病小，而且效益明显。

对于书中仿真的这种情况（其他情况可类似讨论），显见有：

9）与 r_0^* 对应的那个椭圆停泊是不用进行内部再次优化的。

10）从而可知，书中实例中的那个亚同步转移轨道不是真正的最佳椭圆转移轨道，那怕对它进行最佳发射后也不行（因为点火次数多了）。经过仿真中用我们的理论处理后，虽然效益大大提高了，但是与 r_0^* 对应的那个大椭圆轨道还是比它好。如果再次优化，说不定更省能量。

另外，书中解决了航天器返回时一个有关轨道的优化问题。

利用单冲击过渡进行卫星等轨道变轨时，书中解决了冲击点的优化选择问题。

对三级运载火箭发射地球同步转移轨道进行推进剂最省的改进和否定（即指出与静止轨道整体最佳发射的 r_0^* 对应的那个椭圆轨道作为此类情况的转移轨道更好）。

至于小推力飞行，国内外的专家在圆轨道上起飞的情况作了大量的工作。书中对在椭圆

---

① 例如我们对一目标轨道进行最佳发射，其 r_0^* 刚好等于 r_P（从理论上说还有 r_A），那时就没有二次及更多次优化问题。否则就可能有二次及更多次优化问题。

轨道上起飞的情况，也取得了许多成果。

再则，书中的正文（除第 1 章引论外）全部是我们自己的科研成果。实际上它是关于航天器的最佳轨道（发射、返回等）方面基础理论研究的一系列论文的论文集。

该理论经过国防科技大学有关专家在 1997 年至 1999 年的两年中，在 CZ－2E 型运载 DFH－3 型地球同步卫星等航天器上进行了抽样仿真试验，所得的试验应用证明中指出："按照本研究成果提出的方法和结论选择目标轨道的远地点入轨，并通过优化第三级运载火箭推力、主动段关机点高度与飞行程序，在相同条件下，使卫星的寿命延长 30％左右，可产生重大的经济社会效益。因此，竺苗龙教授关于航天器最佳发射轨道理论、方法、规律是科学正确的，其结论是真实可信的，也具有重大的航天工程应用与经济社会价值。"

第 3 章   返回中的一个优化问题

3.1   飞船返回时一个有关轨道的优化问题[①]

本节讨论飞船在返回时的一个有关轨道的优化问题，它是第 2 章理论的应用。

从能量方面考虑，假定飞船由星际返回地球引力圈内标定极径 r_0 为常值的一点 Q 时所具有的速度值为 v_Q，方向角 α 可任意控制；若飞船在 Q 处受到一个逆向的瞬时冲击，速度骤降至 v_0，以后在地球引力单独作用下自由飞行，在到达自由飞行段终点时速度已变成 v_T'，在那里再受到一次逆向的瞬时冲击后，飞船的速度骤降至 v_T，从而进入预定的低椭圆轨道运行，这样两次冲击的总速度减值为

$$f = (v_Q - v_0) + (v_T' - v_T)$$

即

$$f = (v_Q - v_0) + \frac{1}{r_T \sin \beta}(v_0 r_0 \sin \alpha - \mu \sqrt{p})$$

这里 $v_0, r_T, \beta, \sqrt{p}$ 等符号的意义与前面所代表的意义完全一致。

从图 3-1 可见，给定的目标轨道其椭圆方程 E 为

$$r = \frac{p}{1 + e \cos \theta}$$

而过渡轨道的方程 E' 为

$$r' = \frac{p'}{1 + e' \cos(\theta - \theta_0)} \qquad (E')$$

因为

$$\cos \theta_0 = \frac{(p' - p)^2 - (p'e)^2 - (pe')^2}{2pp'ee'}$$

$$\cos \theta_T = \frac{(p' - p)^2 + (p'e)^2 - (pe')^2}{2p'e(p' - p)}$$

$$r_T = \frac{2pp'(p' - p)}{(p')^2(1 - e^2) - p^2[1 - (e')^2]}$$

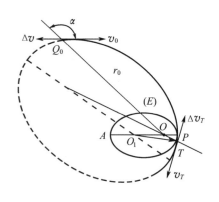

图 3-1   返回中的优化分析(1)

$$\theta_T = -\delta$$

所以

$$f_2 = (v_Q - v_0) + \Delta v_1 = (v_Q - v_0) + \frac{1}{r_T \sin \beta} [v_0 r_0 \sin \alpha - \mu \sqrt{p}]$$

$$= (v_Q - v_0) + \sqrt{v_0^2 - \left(\frac{2\mu^2}{r_0} - \frac{\mu^2}{a}\right)} \sqrt{\frac{v_0 r_0 \sin \alpha - \mu \sqrt{p}}{v_0 r_0 \sin \alpha + \mu \sqrt{p}}}$$

现在我们来解决函数 f_2 的最优化问题。首先，因为

$$\frac{\partial f_2}{\partial \alpha} = \sqrt{v_0^2 - \left(\frac{2\mu^2}{r_0} - \frac{\mu^2}{a}\right)} \frac{\mu \sqrt{p} v_0 r_0 \cos \alpha}{(v_0 r_0 \sin \alpha + \mu \sqrt{p})^{\frac{3}{2}} (v_0 r_0 \sin \alpha - \mu \sqrt{p})^{\frac{1}{2}}}$$

所以函数 f_2 在 α 的定义域中无极小点。

再则，类似 2.2 节中有关结果的证明，我们可得知此时 r_T 还是 v_0 的单调增函数，由此可知当由给定的目标椭圆轨道的近地点 P 进入，即 $r_T = r_P$ 时，v_0 取其最小值

$$v_{01} = \sqrt{\frac{2\mu^2}{r_0}} \sqrt{\frac{r_P (r_0 - r_P)}{r_0^2 \sin^2 \alpha - r_P^2}}$$

而当由给定的目标轨道远地点 A 进入，即当 $r_T = r_A$ 时，v_0 取其最大值

$$v_{02} = \sqrt{\frac{2\mu^2}{r_0}} \sqrt{\frac{r_A (r_0 - r_A)}{r_0^2 \sin^2 \alpha - r_A^2}}$$

当 $\alpha = \frac{\pi}{2}$ 时，v_{01} 和 v_{02} 分别为

$$v_{mP} = v_{01}\left(\frac{\pi}{2}\right) = \sqrt{\frac{2\mu^2}{r_0}} \sqrt{\frac{r_P}{r_0 + r_P}}$$

$$v_{mA} = v_{02}\left(\frac{\pi}{2}\right) = \sqrt{\frac{2\mu^2}{r_0}} \sqrt{\frac{r_A}{r_0 + r_A}}$$

但是，要使 v_{01} 有意义，就要求

$$\arcsin \frac{r_P}{r_0} < \alpha < \pi - \arcsin \frac{r_P}{r_0}$$

要使 v_{02} 有意义，就要求

$$\arcsin \frac{r_A}{r_0} < \alpha < \pi - \arcsin \frac{r_A}{r_0}$$

对于椭圆形状的返回轨道而言，v_0 应小于 Q 处的逃逸速度 v_{II_0}

$$v_{\mathrm{II}_0} = \sqrt{\frac{2\mu^2}{r_0}}$$

这相当于给 α 又规定了更窄的范围，所以

1）当由近地点 P 进入时，由

$$\sqrt{\frac{r_P(r_0 - r_P)}{r_0^2 \sin^2 \alpha - r_P^2}} < 1$$

可得 $\sin \alpha$ 的下限为

$$\sin \alpha_P^* = \sqrt{\frac{r_P}{r_0}}$$

对应地求得 α 的变化范围为

$$\alpha_P^* < \alpha < \pi - \alpha_P^*$$

2）当由远地点 A 进入时，由

$$\sqrt{\frac{r_A(r_0 - r_A)}{r_0^2 \sin^2 \alpha - r_A^2}} < 1$$

可得 $\sin \alpha$ 的下限为

$$\sin \alpha_A^* = \sqrt{\frac{r_A}{r_0}}$$

对应地可得 α 的变化范围为

$$\alpha_A^* < \alpha < (\pi - \alpha_A^*)$$

这实际上是把 P 曲线和 A 曲线上的抛物点、椭圆过渡范围和双曲过渡范围划分出来了（见图 3-2）。

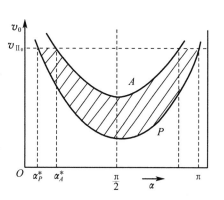

图 3-2　返回中的优化分析（2）

把 v_0 的上、下边界值代入 f_2 的表达式可得：

1）当由近地点 P 进入时，$r_T = r_P$，所需的速度总增值为

$$f_P = \left(v_Q - \frac{\mu \sqrt{p}}{r_P} \right) + v_{\mathrm{II}_0} \sqrt{\frac{(r_0 - r_P)(r_0 \sin \alpha - r_P)}{r_P(r_0 \sin \alpha + r_P)}}$$

2）当由远地点 A 进入时，$r_T = r_A$，所需的速度总增值为

$$f_A = \left(v_Q - \frac{\mu \sqrt{p}}{r_A} \right) + v_{\mathrm{II}_0} \sqrt{\frac{(r_0 - r_A)(r_0 \sin \alpha - r_A)}{r_A(r_0 \sin \alpha + r_A)}}$$

特别地，当 $\alpha = \dfrac{\pi}{2}$ 时，则有

$$f_P\left(\frac{\pi}{2}\right) = \left[v_Q - \frac{\mu \sqrt{p}}{r_P} \right] + v_{\mathrm{II}_0} \sqrt{\frac{(r_0 - r_P)^2}{r_P(r_0 + r_P)}}$$

$$f_A\left(\frac{\pi}{2}\right) = \left[v_Q - \frac{\mu \sqrt{p}}{r_A} \right] + v_{\mathrm{II}_0} \sqrt{\frac{(r_0 - r_A)^2}{r_A(r_0 + r_A)}}$$

根据导数

$$\frac{\partial f_P}{\partial \alpha} = v_{\mathrm{II}_0} \sqrt{\frac{r_0 - r_P}{r_P}} \sqrt{\frac{r_0 \sin \alpha + r_P}{r_0 \sin \alpha - r_P}} \frac{r_0 r_P \cos \alpha}{(r_0 \sin \alpha + r_P)^2}$$

$$\frac{\partial f_A}{\partial \alpha} = v_{\mathrm{II}_0} \sqrt{\frac{r_0 - r_A}{r_A}} \sqrt{\frac{r_0 \sin \alpha + r_A}{r_0 \sin \alpha - r_A}} \frac{r_0 r_A \cos \alpha}{(r_0 \sin \alpha + r_A)^2}$$

的性质可知，$f_A\left(\dfrac{\pi}{2}\right)$ 和 $f_P\left(\dfrac{\pi}{2}\right)$ 都不是 f 在对应边界上之最小值，恰恰相反，它们在这时刚好是 f 在对应边界上之最大值。

所以此时 f_P 和 f_A 的最小值要在 α 的边界上达到。记直线 $v_0 = v_Q$ 与 v_{01} 和 v_{02} 的左边两个交点分别为 α_P 和 α_A，那么显见，此时 f_P 和 f_A 的最小值要在 α_P 和 α_A 上达到，以 α_P 和 α_A 之值代入 f_P 和 f_A 的式中可得

$$f_P(\alpha_P) = \left[v_Q - \frac{\mu \sqrt{p}}{r_P}\right] + v_{\mathrm{II}_0} \sqrt{\frac{(r_0 - r_P)(r_0 \sin \alpha_P - r_P)}{r_P(r_0 \sin \alpha_P + r_P)}}$$

$$f_A(\alpha_A) = \left[v_Q - \frac{\mu \sqrt{p}}{r_A}\right] + v_{\mathrm{II}_0} \sqrt{\frac{(r_0 - r_A)(r_0 \sin \alpha_A - r_A)}{r_A(r_0 \sin \alpha_A + r_A)}}$$

从 $\dfrac{\partial f}{\partial \alpha}$ 的表达式可知

$$f_P(\alpha_P) < f_A(\alpha_A)$$

这就是说，当 $v_Q < v_{\mathrm{II}_0}$ 时，若 $v_0 \leqslant v_Q$，那么此时的最佳过渡轨道是与 α_P(椭)对应之椭圆，此时 $v_0 = v_Q$（即以 v_Q 直接进入），角度为 α_P(椭)对应之角度。

易证，当 $v_Q < v_0$ 时上述论断也正确，记

$$\overline{f_2} = (v_0 - v_Q) + \sqrt{v_0^2 - \left(\frac{2\mu^2}{r_0} - \frac{\mu^2}{a}\right)} \sqrt{\frac{v_0 r_0 \sin \alpha - \mu \sqrt{p}}{v_0 r_0 \sin \alpha + \mu \sqrt{p}}}$$

所以

$$\frac{\partial \overline{f_2}}{\partial \alpha} = \frac{\partial f_2}{\partial \alpha} = \sqrt{v_0^2 - \left(\frac{2\mu^2}{r_0} - \frac{\mu^2}{a}\right)} \frac{\mu \sqrt{p} \, v_0 r_0 \cos \alpha}{(v_0 r_0 \sin \alpha + \mu \sqrt{p})^{\frac{3}{2}} (v_0 r_0 \sin \alpha - \mu \sqrt{p})^{\frac{1}{2}}}$$

由此可见，函数 $\overline{f_2}$ 在区域 D(椭)内没有极小值点（见图 3-3），再则从 $\dfrac{\partial \overline{f_2}}{\partial \alpha}$ 的表达式还可知函数 $\overline{f_2}$ 的最小值必不在曲线 A 上而在曲线 P 上达到。

下面计算函数 $\overline{f_2}$ 在曲线 P 上之值

$$\overline{f_{2P}} = v_{\mathrm{II}_0} \sqrt{\frac{r_0 - r_P}{r_P}} \sqrt{\frac{r_0 \sin \alpha + r_P}{r_0 \sin \alpha - r_P}} - \left(v_Q + \frac{\mu \sqrt{p}}{r_P}\right)$$

$$\frac{\partial \overline{f_{2P}}}{\partial \alpha} = v_{\mathrm{II}_0} \sqrt{\frac{r_0 - r_P}{r_P}} \sqrt{\frac{r_0 \sin \alpha - r_P}{r_0 \sin \alpha + r_P}} \frac{-r_0 r_P \cos \alpha}{(r_0 \sin \alpha - r_P)^2}$$

从上可见，函数 $\overline{f_{2P}}$ 的极小值应在 $\alpha = \dfrac{\pi}{2}$ 处达到，但是它达不到。

另外，从 $\dfrac{\partial \overline{f_{2P}}}{\partial \alpha}$ 的表达式可见：当 $\alpha < \dfrac{\pi}{2}$ 时 $\dfrac{\partial \overline{f_{2P}}}{\partial \alpha}$ < 0，所以对 D（椭）里曲线 P 上的与 v_Q（此时 v_Q $< v_{\text{II}_0}$）对应的 α_P（椭）以上的任意点 α'_P（椭）而言，也均有

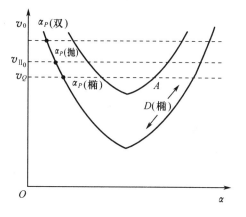

图 3-3 返回中的优化分析(3)

$$\overline{f_{2P}}[\alpha_P(椭)] < \overline{f_{2P}}[\alpha'_P(椭)]$$

同样显见，对于 $v_Q < v_{\text{II}_0}$ 的情况，这时若采用抛物线过渡或双曲线过渡，那么此时 $v_0 \geqslant v_{\text{II}_0}$，$\overline{f_2}$ 形式一样，性质也一样，所以，

1）若 $v_Q < v_{\text{II}_0}$，那么此时的最佳过渡轨道是与 α_P（椭）对应之椭圆，其他任何的双曲、抛物和椭圆过渡都不好。

同理可说明，

2）若 $v_Q = v_{\text{II}_0}$，那么此时的最佳过渡轨道是与 α_P（抛）对应之抛物线。

3）若 $v_Q > v_{\text{II}_0}$，那么此时的最佳过渡轨道是与 α_P（双）对应之双曲线。

特别情况是，

4）若 $v_Q < v_{mP}$，这里

$$v_{mP} = v_{\text{II}_0} \sqrt{\frac{r_P}{r_P + r_0}}$$

是为了用椭圆轨道过渡且由给定的目标轨道近地点 P 进入所需的最小 v_0，此时为了进入给定的目标轨道就得在 Q 处加速；从函数 $\overline{f_2}$ 的性质可知，不但此时在近地点进入为好，而且它在 P 曲线的顶点 $\alpha = \dfrac{\pi}{2}$ 处达最小值

$$f'_{最小} = v_{\text{II}_0} \sqrt{\frac{r_0 + r_P}{r_P}} - \left(v_Q + \frac{\mu \sqrt{p}}{r_P} \right)$$

上述结论不同于以往就轨道间转移问题所得的结论。在以往的轨道间双冲击切向转移中，最佳转移一般是霍曼转移，本节讨论返回问题的有关的最佳轨道中，虽然也要求由给定的椭圆轨道的近地点 P 进入，但采用的究竟是双曲轨道、抛物轨道还是椭圆轨道要由 $v_Q \geqslant v_{\text{II}_0}$ 还是 $v_Q < v_{\text{II}_0}$ 来决定，而且 α_P（椭）[或 α_P（抛）、α_P（双）]除了在 P 曲线顶点之外，一般均不等于 $\dfrac{\pi}{2}$，所以现在的最佳转移已不是原来意义的霍曼转移，而是广义的霍曼转移。

3.2 一些有关性质的证明

（1）当 $r_0 > r_A$ 时，求 r_T 和 θ_T

本部分计算与 2.5 节的有关部分一样，但为了第 3 章的完整在此重复给出。从图 3-1 可

见，给定的目标轨道其椭圆方程 E 为

$$r = \frac{p}{1 + e\cos\theta}$$

而过渡轨道之方程 E' 为

$$r' = \frac{p'}{1 + e'\cos(\theta - \theta_0)}$$

从

$$\frac{p'}{1 + e'\cos(\theta - \theta_0)} = \frac{p}{1 + e\cos\theta}$$

可得

$$p' - p = pe'\cos(\theta - \theta_0) - p'e\cos\theta$$
$$= pe'(\cos\theta\cos\theta_0 + \sin\theta\sin\theta_0) - p'e\cos\theta$$

即

$$p' - p = (pe'\cos\theta_0 - p'e)\cos\theta + pe'\sin\theta_0\sin\theta$$

从而有

$$\frac{p' - p}{\sqrt{(pe'\cos\theta_0 + p'e)^2 + (pe'\sin\theta_0)^2}} = \frac{pe'\cos\theta_0 + p'e}{\sqrt{C^2 + D^2}}\cos\theta + \frac{pe'\sin\theta_0}{\sqrt{C^2 + D^2}}\sin\theta$$

其中

$$C = pe'\cos\theta_0 - p'e$$
$$D = pe'\sin\theta_0$$

若令

$$\cos\delta = \frac{-p'e + pe'\cos\theta_0}{\sqrt{C^2 + D^2}}$$

其中 $\delta \in [0, \pi]$，则

$$\sin\delta = \pm\frac{pe'\sin\theta_0}{\sqrt{C^2 + D^2}}$$

所以

$$\frac{p' - p}{\sqrt{C^2 + D^2}} = \cos\delta\cos\theta \pm \sin\delta\sin\theta = \cos(\delta \pm \theta)$$

因为 $p' - p > 0$，所以取 $\delta \pm \theta = 0$，故知

$$\theta_T = \pm\delta$$

相切条件为

$$(p - p')^2 = (p'e + pe'\cos\theta_0)^2 + (pe'\sin\theta_0)^2$$
$$= (p'e)^2 + 2pp'ee'\cos\theta_0 + (pe')^2$$

所以

$$\cos \theta_0 = \frac{(p'-p)^2 - (p'e)^2 - (pe')^2}{2pp'ee'}$$

所以

$$\cos \theta_T = \cos(\pm \delta) = \cos \delta = \frac{p'e + pe' \cos \theta_0}{\sqrt{(p'e)^2 + 2pp'ee' \cos \theta_0 + (pe')^2}}$$

$$= \frac{p'e + pe' \dfrac{(p'-p)^2 - (p'e)^2 - (pe')^2}{2pp'ee'}}{\sqrt{(p'e)^2 + [(p'-p)^2 - (p'e)^2 - (pe')^2] + (pe')^2}}$$

$$= \frac{1}{p'-p} \frac{1}{2p'e} [2(p'e)^2 + (p'-p)^2 - (p'e)^2 - (pe')^2]$$

$$= \frac{(p'-p)^2 + (p'e)^2 - (pe')^2}{2p'(p'-p)e}$$

$$r_T = \frac{p}{1 - e\cos \theta_T} = \frac{p}{1 - e \dfrac{(p'-p)^2 + (p'e)^2 - (pe')^2}{2p'e(p'-p)}}$$

$$= \frac{2pp'(p'-p)}{2(p')^2 - 2pp' - [(p')^2 - 2pp' + p^2] - (p'e)^2 + (pe')^2}$$

$$= \frac{2pp'(p'-p)}{(p')^2 - p^2 - (p'e)^2 + (pe')^2}$$

$$= \frac{2pp'(p'-p)}{(p')^2(1-e^2) - p^2[1-(e')^2]}$$

（2）当 $r_0 > r_A$ 时，求 Δv_1 及 f 的表达式

因为

$$\Delta v_1 = \frac{1}{r_T \sin \beta}(v_0 r_0 \sin \alpha - \mu \sqrt{p})$$

$$r = \frac{p}{1 + e\cos \theta}$$

$$\frac{\mathrm{d}r}{\mathrm{d}\theta} = \frac{-pe\sin \theta}{(1 + e\cos \theta)^2}$$

所以

$$\cot \beta = \frac{1}{r} \frac{\mathrm{d}r}{\mathrm{d}\theta}\bigg|_{\theta=\pm\delta} = \frac{1 + e\cos \theta}{p} \frac{-pe\sin \theta}{(1 + e\cos \theta)^2}\bigg|_{\theta=\pm\delta} = \frac{\pm e\sin \delta}{1 + e\cos \delta}$$

$$\sin \beta = \sqrt{\frac{1}{1 + \cot^2 \beta}}\bigg|_{\theta=\pm\delta} = \sqrt{\frac{1}{1 + \dfrac{e^2 \sin^2 \delta}{(1 + e\cos \delta)^2}}}$$

$$= \frac{1 + e\cos \delta}{\sqrt{1 + 2e\cos \delta + e^2 \cos^2 \delta + e^2 \sin^2 \delta}}$$

$$= \frac{1 + e\cos\delta}{\sqrt{1 + 2e\cos\delta + e^2}}$$

$$r_T = \frac{p}{1 + e\cos\theta_T} = \frac{p}{1 + e\cos\delta}$$

所以

$$\frac{1}{r_T\sin\beta} = \frac{1 + e\cos\delta}{p}\frac{\sqrt{1 + 2e\cos\delta + e^2}}{1 + e\cos\delta} = \frac{1}{p}\sqrt{1 + 2e\cos\delta + e^2}$$

$$= \frac{1}{p}\sqrt{1 + e^2 + 2e\frac{(p'-p)^2 + (p'e)^2 - (pe')^2}{2p'(p'-p)e}}$$

整理后有

$$\frac{1}{r_T\sin\beta} = \frac{1}{\sqrt{pp'(p'-p)}}\sqrt{p'(1-e^2) - p[1-(e')^2]}$$

由于

$$p' = \frac{v_0^2 r_0^2 \sin^2\alpha}{\mu^2}$$

$$1 - (e')^2 = \frac{v_0^2 r_0^2 \sin^2\alpha}{\mu^4}\left(\frac{2\mu^2}{r_0} - v_0^2\right)$$

所以

$$\frac{1}{r_T\sin\beta} = \sqrt{\frac{\mu^2}{a} - \frac{2\mu^2}{r_0} + v_0^2}\frac{1}{\sqrt{(\mu\sqrt{p'})^2 - (\mu\sqrt{p})^2}}$$

所以

$$\Delta v_1 = \frac{1}{r_T\sin\beta}(v_0 r_0\sin\alpha - \mu\sqrt{p})$$

$$= \sqrt{\frac{\mu^2}{a} - \frac{2\mu^2}{r_0} + v_0^2}\sqrt{\frac{v_0 r_0\sin\alpha - \mu\sqrt{p}}{v_0 r_0\sin\alpha + \mu\sqrt{p}}}$$

所以

$$f = (v_Q - v_0) + \Delta v_1$$

$$= (v_Q - v_0) + \sqrt{\frac{\mu^2}{a} - \frac{2\mu^2}{r_0} + v_0^2}\sqrt{\frac{v_0 r_0\sin\alpha - \mu\sqrt{p}}{v_0 r_0\sin\alpha + \mu\sqrt{p}}}$$

（3）当 $r_0 > r_A$ 时，求 $\frac{\partial f}{\partial\alpha}$ 的表达式，并用此表达式证明函数 f 区域内无极小值

证明

$$f = (v_Q - v_0) + \sqrt{\frac{\mu^2}{a} - \frac{2\mu^2}{r_0} + v_0^2}\sqrt{\frac{v_0 r_0\sin\alpha - \mu\sqrt{p}}{v_0 r_0\sin\alpha + \mu\sqrt{p}}}$$

$$\frac{\partial f}{\partial \alpha} = \sqrt{\frac{\mu^2}{a} - \frac{2\mu^2}{r_0} + v_0^2} \; \frac{1}{2} \sqrt{\frac{v_0 r_0 \sin \alpha + \mu \sqrt{p}}{v_0 r_0 \sin \alpha - \mu \sqrt{p}}} \times$$

$$\frac{v_0 r_0 \cos \alpha (v_0 r_0 \sin \alpha + \mu \sqrt{p}) - v_0 r_0 \cos \alpha (v_0 r_0 \sin \alpha - \mu \sqrt{p})}{(v_0 r_0 \sin \alpha + \mu \sqrt{p})^2}$$

$$= \sqrt{\frac{\mu^2}{a} - \frac{2\mu^2}{r_0} + v_0^2} \; \frac{1}{\sqrt{v_0 r_0 \sin \alpha - \mu \sqrt{p}}} \; \frac{v_0 r_0 \cos \alpha \, \mu \sqrt{p}}{(v_0 r_0 \sin \alpha + \mu \sqrt{p})^{\frac{3}{2}}}$$

从上可见，可能的极值点出现在 $\alpha = \frac{\pi}{2}$ 处，但是

$$\alpha < \frac{\pi}{2} \text{ 时}, \frac{\partial f}{\partial \alpha} > 0$$

$$\alpha > \frac{\pi}{2} \text{ 时}, \frac{\partial f}{\partial \alpha} < 0$$

所以，若出现极值，只能在 $\alpha = \frac{\pi}{2}$ 处出现极大值，故知函数在区域内达不到极小值。

第 4 章 　有关小推力轨道

4.1 　从初始椭圆轨道起飞的恒定径向横向小推力飞船轨道[①]

本节第 1 部分讨论了从初始椭圆轨道起飞的恒定径向小推力飞船轨道，主要讨论了从近地点起飞的情形；第 2 部分讨论了从初始椭圆轨道起飞的恒定横向小推力飞船轨道，并进一步进行了性能分析。

4.1.1 　恒定径向推力加速下的小推力飞船轨道

随着航天技术的发展，小推力轨道也受到人们的重视。文献[23]中对从初始圆轨道起飞的恒定径向加速作用下的小推力飞船轨道进行了讨论，下面将对从椭圆轨道上起飞的有关情况进行讨论。它是对参考文献[23]的推广。

（1）定解问题的提出如下

设初始轨道方程为

$$r = \frac{p}{1 + e\cos\theta}$$

飞船从初始轨道上的点 (r_0, θ_0) 起飞，r_0 处的地心引力加速度为 g_0，初始航迹角为 φ_0，飞船所受的径向推力加速度为常量 a_0，则飞船的运动方程为

$$\frac{\mathrm{d}^2 r}{\mathrm{d}t^2} - r\left(\frac{\mathrm{d}\theta}{\mathrm{d}t}\right)^2 = -g_0\left(\frac{r_0}{r}\right)^2 + a_0 \tag{4.1-1}$$

$$\frac{1}{r}\frac{\mathrm{d}}{\mathrm{d}t}(r^2\dot{\theta}) = 0 \tag{4.1-2}$$

由式（4.1-2）知 $r^2\dot{\theta}$ 为一常量。

因此　　　　　　　　$$r^2\dot{\theta} = r_0^2 \frac{\mathrm{d}\theta}{\mathrm{d}t}\bigg|_{t=0} = \sqrt{\mu p} \tag{4.1-3}$$

由式（4.1-3）及式（4.1-1）知飞船的运动方程为

[①] 　4.1 节和 4.2 节仅是我们对小推力飞行的初步探讨。

$$\frac{\mathrm{d}^2 r}{\mathrm{d}t^2} = \frac{\mu p}{r^3} - g_0 \left(\frac{r_0}{r}\right)^2 + a_0 \tag{4.1-4}$$

初值条件为

$$t = 0, r = r_0, \frac{\mathrm{d}r}{\mathrm{d}t} = \frac{\sqrt{\mu p}}{r_0}\tan\varphi_0 \tag{4.1-5}$$

下面将对这一定解问题进一步进行分析，并定性地给出从近地点起飞的飞船轨道。

（2）对飞船速度及逃逸距离作如下分析

从式(4.1-4)出发，并利用式(4.1-5)及式(4.1-3)可以求出飞船的飞行速度。

式(4.1-4)积分得

$$\left(\frac{\mathrm{d}r}{\mathrm{d}t}\right)^2 = 2a_0(r - r_0) + 2\mu\left(\frac{1}{r} - \frac{1}{r_0}\right) + \mu p\left(\frac{1}{r_0^2}\sec^2\varphi_0 - \frac{1}{r^2}\right) \tag{4.1-6}$$

[由初值条件式(4.1-5)得上式]

即

$$\left(\frac{\mathrm{d}r}{\mathrm{d}t}\right)^2 = \frac{1}{r^2 r_0^2}\left[2a_0 r^3 r_0^2 - (2a_0 r_0^3 + 2\mu r_0 - \mu p\sec^2\varphi_0)r^2 + 2\mu r_0^2 r - \mu p r_0^2\right]$$
$$\tag{4.1-7}$$

由式(4.1-3)和式(4.1-7)得飞船的飞行速度

$$V^2 = \left(\frac{\mathrm{d}r}{\mathrm{d}t}\right)^2 + \left(r\frac{\mathrm{d}\theta}{\mathrm{d}t}\right)^2$$
$$= 2a_0(r - r_0) + 2\mu\left(\frac{1}{r} - \frac{1}{r_0}\right) + \mu p\left(\frac{1}{r_0^2}\sec^2\varphi_0 - \frac{1}{r^2}\right) + \frac{\mu p}{r^2}$$
$$= 2a_0(r - r_0) + 2\mu\left(\frac{1}{r} - \frac{1}{r_0}\right) + \frac{\mu p}{r_0^2}\sec^2\varphi_0 \tag{4.1-8}$$

令 $\bar{r} = \frac{r}{r_0}$，$\bar{V} = \frac{V}{V_{c0}} = \frac{V}{\sqrt{\frac{\mu}{r_0}}}$　（$V_{c0} = \sqrt{\frac{\mu}{r_0}}$ 是 r_0 处的环绕速度）

因此
$$\bar{V}^2 = \frac{2a_0}{g_0}(\bar{r} - 1) + 2\left(\frac{1}{\bar{r}} - 1\right) + \frac{p}{r_0}\sec^2\varphi_0$$

令 $U = \bar{V}^2$，则

$$\frac{\mathrm{d}U}{\mathrm{d}\bar{r}} = 2\left(\sqrt{\frac{a_0}{g_0}} - \frac{1}{\bar{r}}\right)\left(\sqrt{\frac{a_0}{g_0}} + \frac{1}{\bar{r}}\right)$$

所以当 $\bar{r} = \sqrt{\frac{g_0}{a_0}}$，即当 $r = r_0\sqrt{\frac{g_0}{a_0}}$ 时，U 取最小值，从而速度 V 取最小值。如果飞船能够逃脱地球引力场，设其逃逸速度为 V_{esc}，逃逸距离为 r_{esc}，显然

$$V_{esc} = \sqrt{\frac{2\mu}{r_{esc}}} \tag{4.1-9}$$

由式(4.1-8)和式(4.1-9)得逃逸距离

$$r_{\mathrm{esc}} = r_0 + \frac{1}{2}\frac{g_0}{a_0}(2r_0 - p\sec^2\varphi_0) \tag{4.1-10}$$

因为

$$\tan\varphi_0 = \frac{e\sin\theta_0}{1 + e\cos\theta_0}$$

$$r_0 = \frac{p}{1 + e\cos\theta_0}$$

所以

$$r_{\mathrm{esc}} = r_0 + \frac{g_0}{a_0}\left(r_0 - \frac{p}{2}\right) - \frac{g_0}{2a_0 p}[r_0^2 e^2 - (p - r_0)^2] \tag{4.1-11}$$

又因

$$\frac{\mathrm{d}r_{\mathrm{esc}}}{\mathrm{d}r_0} = 1 + \frac{g_0}{a_0} - \frac{g_0}{a_0 p}(r_0 e + p - r_0) = 1 + \frac{g_0}{a_0}\frac{r_0}{p}(1 - e) > 0$$

因此，当 $r_0 = r_p$ 时，r_{esc} 最小，即当飞船从近地点起飞时，逃逸距离最短。

(3) 对从近地点起飞的飞船轨道作如下分析

飞船从近地点起飞时，$r_0 = \dfrac{p}{1+e}$，$\theta_0 = 0$，$\varphi_0 = 0$，故由式(4.1-4)和式(4.1-5)知，此时的
定解问题为

$$\begin{cases} \left(\dfrac{\mathrm{d}r}{\mathrm{d}t}\right)^2 = \dfrac{1}{r^2 r_0^2}(r - r_0)[2a_0 r_0^2 r^2 + \mu(p - 2r_0)r + \mu p r_0] & (4.1\text{-}12) \\[2mm] r_0 = \dfrac{p}{1+e},\ \left.\dfrac{\mathrm{d}r}{\mathrm{d}t}\right|_{t=0} = 0 & (4.1\text{-}13) \end{cases}$$

无量纲化

$$r = \rho r_0,\ a_0 = \alpha g_0,\ t = \tau\sqrt{\frac{r_0}{g_0}},\ g_0 = \frac{\mu}{r_0^2}$$

$$\begin{cases} \left(\dfrac{\mathrm{d}\rho}{\mathrm{d}\tau}\right)^2 = \dfrac{\rho - 1}{r_0\rho^2}[2\alpha r_0\rho^2 + (p - 2r_0)\rho + p] & (4.1\text{-}14) \\[2mm] \tau = 0,\ \rho = 1,\ \dfrac{\mathrm{d}\rho}{\mathrm{d}\tau} = 0 & (4.1\text{-}15) \end{cases}$$

式(4.1-4)无量纲化后化为

$$\frac{\mathrm{d}^2\rho}{\mathrm{d}\tau^2} = \frac{p}{r_0\rho^3} - \frac{1}{\rho^2} + \alpha \tag{4.1-16}$$

令 $\psi(\rho) = \dfrac{\rho - 1}{r_0\rho^2}[2\alpha r_0\rho^2 + (p - 2r_0)\rho + p]$

显见 $\psi(\rho)$ 有如下 3 个零点

$$\rho_1 = 1,\ \rho_{2,3} = \frac{(1-e)}{4\alpha}\left[1 \pm \sqrt{1 - 8\frac{1+e}{(1-e)^2}\alpha}\right] \qquad (\rho_2 \geqslant \rho_3)$$

($\rho_{2,3}$ 的计算中用到 $r_0 = \dfrac{p}{1+e}$)

下面将就 α 的不同取值情况分别予以讨论。

1）$\alpha=\dfrac{a_0}{g_0}>\dfrac{1}{8}\dfrac{(1-e)^2}{1+e}$：此时 $\psi(\rho)$ 只有一个实的零点，$\dfrac{\mathrm{d}\rho}{\mathrm{d}\tau}$ 仅在平面上的 $\rho=\rho_1$ 处为零，即 $\dfrac{\mathrm{d}\rho}{\mathrm{d}\tau}\Big|_{\rho_1}=0$。

由式（4.1-16）得：$\dfrac{\mathrm{d}^2\rho}{\mathrm{d}\tau^2}\Big|_{\rho_1}=e+\alpha>0$。故当飞船开始受到推力后（即 $\tau>0$），$\dfrac{\mathrm{d}\rho}{\mathrm{d}\tau}$ 单调增加。

因此 $\dfrac{\mathrm{d}\rho}{\mathrm{d}\tau}>\dfrac{\mathrm{d}\rho}{\mathrm{d}\tau}\Big|_{\rho_1}=0$（$\tau>0$），故 ρ 将随 τ 的增加而单调增加。又由于 $\dfrac{\mathrm{d}\rho}{\mathrm{d}\tau}$ 在整个平面上仅在 $\rho=\rho_1$ 处为零，所以，只要推力能够持续足够长的时间，飞船就能达到逃逸速度而逃脱地球引力场。此时其逃逸距离为 $r_{\mathrm{esc}}=\dfrac{p}{1+e}\left[1+\dfrac{1}{2\alpha}(1-e)\right]$。

2）$\alpha=\dfrac{a_0}{g_0}=\dfrac{1}{8}\dfrac{(1-e)^2}{1+e}$：此时 $\psi(\rho)$ 除具有实的零点 $\rho_1=1$ 外，还有一个实二重零点 $\rho_2=\rho_3$ $=\dfrac{1}{4\alpha}(1-e)$。显见 $\rho_2=\rho_3=\dfrac{1-e}{4\alpha}=2\dfrac{1+e}{1-e}>\rho_1$，同 1）的分析知，飞船受到推力作用后，逐渐脱离初始轨道（见图 4-1）。

因为 $\dfrac{\mathrm{d}\rho}{\mathrm{d}\tau}\Big|_{\rho_2}=0$

$$\frac{\mathrm{d}^2\rho}{\mathrm{d}\tau^2}\Big|_{\rho_2}=\frac{p(4\alpha)^3}{r_0(1-e)^3}-\frac{(4\alpha)^2}{(1-e)^2}+\alpha=0$$

$$\left(\alpha=\frac{1}{8}\frac{(1-e)^2}{1+e},r_0=\frac{p}{1+e}\right)$$

故飞船将以 $\rho=\rho_2=\dfrac{1-e}{4\alpha}$ 为极限圆轨道（见图 4-2）。故在此种情况下飞船不能逃脱地球引力场。飞船在极限圆轨道上的速度为 $\dfrac{1}{2}\sqrt{\mu(1-e)}$，极限圆轨道上的推力加速度是当地地心引力加速度的 $\dfrac{1}{2}(1+e)$。

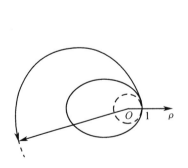

图 4-1　小推力时优化分析（1）

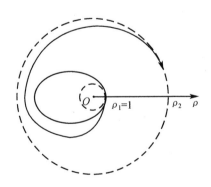

图 4-2　小推力时优化分析（2）

3) $\alpha < \dfrac{1}{8}\dfrac{(1-e)^2}{1+e}$：此时 $\varphi(\rho)$ 有 3 个不同的实根 ρ_1，ρ_2，ρ_3

$$\rho_2 > \rho_3 = \frac{1}{4\alpha}(1-e)\left[1 - \sqrt{1 - 8\,\frac{1+e}{(1-e)^2}\alpha}\right]$$

$$= \frac{8\,\dfrac{1+e}{(1-e)^2}\alpha}{1 + \sqrt{1 - 8\,\dfrac{1+e}{(1-e)^2}\alpha}}\,\frac{(1-e)}{4\alpha}$$

$$= \frac{2(1+e)/(1-e)}{1 + \sqrt{1 - 8\,\dfrac{1+e}{(1-e)^2}\alpha}} > 1 = \rho_1$$

所以 $\varphi(\rho)$ 的 3 个零点满足

$$\rho_1 < \rho_3 < \rho_2$$

此时式(4.1-14)即

$$\left(\frac{\mathrm{d}\rho}{\mathrm{d}\tau}\right)^2 = \frac{1}{r_0\rho^2}(\rho - \rho_1)(\rho - \rho_2)(\rho - \rho_3) \tag{4.1-17}$$

由式(4.1-17)即知，飞船不能飞越 $\rho = \rho_3$，故飞船只能在 $\rho = \rho_1$ 和 $\rho = \rho_3$ 之间变化。

因为

$$\frac{\mathrm{d}\rho}{\mathrm{d}\tau}\bigg|_{\rho_1} = 0, \quad \frac{\mathrm{d}^2\rho}{\mathrm{d}\tau^2}\bigg|_{\rho_1} > 0$$

同 1)的分析，当飞船起初受到推力作用后，将逐渐偏离初始轨道，且随着 τ 的增加，ρ 亦单调增加，直至飞抵 $\rho = \rho_3$。

当飞船到达 $\rho = \rho_3$ 之时

$$\frac{\mathrm{d}\rho}{\mathrm{d}\tau}\bigg|_{\rho_3} = 0 \tag{4.1-18}$$

而在飞抵 ρ_3 之前

$$\frac{\mathrm{d}\rho}{\mathrm{d}\tau} > 0 \tag{4.1-19}$$

$$\frac{\mathrm{d}^2\rho}{\mathrm{d}\tau^2}\bigg|_{\rho_3} < 0 \tag{4.1-20}$$

由式(4.1-18)～式(4.1-20)知，当飞船抵达 $\rho = \rho_3$ 之后，随着 τ 的增加，ρ 开始单调减小，直至抵达 $\rho = \rho_1 = 1$；然后 ρ 再随 τ 的增加又开始增加……故飞船轨道将在 $\rho = \rho_1 = 1$ 与 $\rho = \rho_3$ 之间连续变化(见图 4-3)。

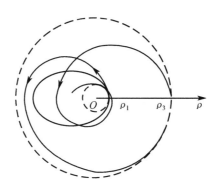

图 4-3 小推力时优化分析（3）

注：由于 $\lim\limits_{e\to 1}\dfrac{1}{8}\dfrac{(1-e)^2}{1+e}=0$，从而，当 α 给定时只要初始轨道的偏心率足够地接近 1，

便有 $\alpha>\dfrac{1}{8}\dfrac{(1-e)^2}{1+e}$，从而飞船总能达到逃逸速度，这一点是与实际吻合的

4.1.2 恒定横向推力加速度作用下的小推力飞船轨道

由于最佳推力方向是在切向推力与横向推力之间，因此研究在恒定横向推力加速度作用下的小推力飞船的飞行轨道很有必要。在参考文献[24]中，横向推力的情形已得到初步讨论，本文则进一步研究了从椭圆轨道上起飞的情形，给出了它的定解问题的近似解析解，并进而讨论了飞船的飞行性能和形状，所得的结论包含并发展了参考文献[24]的结果。

（1）关于定解问题及其解析解的讨论如下

1）对定解问题作如下分析。

μ，a_0，g_0 的意义见式(4.1-1)，初始轨道仍为 $r=\dfrac{p}{1+e\cos\theta}$

运动方程为

$$\begin{cases}\dfrac{\mathrm{d}^2 r}{\mathrm{d}t^2}-r\left(\dfrac{\mathrm{d}\theta}{\mathrm{d}t}\right)^2=-\dfrac{g_0 r_0^2}{r^2} & (4.1\text{-}21)\\[3mm] \dfrac{1}{r}\dfrac{\mathrm{d}(r^2\dot\theta)}{\mathrm{d}t}=a_0 & (4.1\text{-}22)\end{cases}$$

初始条件为 $t=0$ 时，$r=r_0$，$\theta=\theta_0$

$$\left.\frac{\mathrm{d}r}{\mathrm{d}t}\right|_{t=0}=\frac{\sqrt{\mu p}}{r_0}\tan\varphi_0,\quad \left.\frac{\mathrm{d}\theta}{\mathrm{d}t}\right|_{t=0}=\frac{\sqrt{\mu p}}{r_0^2}=\frac{\sqrt{g_0 p}}{r_0}\triangleq\dot\theta_0 \qquad (4.1\text{-}23)$$

其中，φ_0 为起飞点的航迹角。

无量纲化

$$\rho\triangleq\frac{r_0}{r},\quad h\triangleq\frac{r^2\dot\theta}{r_0^2\dot\theta_0}=\frac{\dot\theta}{\rho^2\dot\theta_0} \qquad (4.1\text{-}24)$$

将式(4.1-24)和式(4.1-23)代入式(4.1-21)和式(4.1-22)可得

$$\begin{cases} h\dfrac{\mathrm{d}^2\rho}{\mathrm{d}\theta^2} + \dfrac{\mathrm{d}h}{\mathrm{d}\theta}\dfrac{\mathrm{d}\rho}{\mathrm{d}\theta} + h\rho = \dfrac{r_0}{p}\dfrac{1}{h} & (4.1\text{-}25) \\[3mm] h\dfrac{\mathrm{d}h}{\mathrm{d}\theta} = \dfrac{r_0}{p}\dfrac{\varepsilon}{\rho^3} & (4.1\text{-}26) \end{cases}$$

其中，$\varepsilon \triangleq a_0/g_0$，$\varepsilon \ll 1$。

初始条件变为：$\theta = \theta_0$ 时，$\rho = 1$，$h = 1$，$\dfrac{\mathrm{d}\rho}{\mathrm{d}\theta} = -\tan\varphi_0$，这样即得变形后的定解问题。

2）对定解问题的近似解作如下分析。

$$令 \qquad \begin{cases} h = \displaystyle\sum_{i=0}^{\infty} h_i(\theta)\varepsilon^i \\[2mm] \rho = \displaystyle\sum_{i=0}^{\infty} \rho_i(\theta)\varepsilon^i \end{cases} \qquad\qquad (4.1\text{-}27)$$

将式(4.1-27)代入式(4.1-25)和式(4.1-26)并舍去 ε 的高次项，比较 ε 的零次及一次项系数可得

$$\begin{cases} h_0 h_0' = 0 \\[1mm] h_0 h_1' + h_0' h_1 = \dfrac{r_0}{p}\dfrac{1}{\rho_0^3} \\[2mm] h_0 \rho_0'' + h_0' \rho_0' + h_0 \rho_0 = \dfrac{r_0}{p}\dfrac{1}{h_0} \\[2mm] h_0 \rho_1'' + h_1 \rho_0'' + h_0' \rho_1' + h_1' \rho_0' + h_0 \rho_1 + h_1 \rho_0 = -\dfrac{r_0}{p}\dfrac{h_1}{h_0^2} \end{cases} \qquad (4.1\text{-}28)$$

当 $\varepsilon = 0$ 时，$h = h_0$，$\rho = \rho_0$ 且飞船在初始轨道上运行，故由初始条件可得

$$h_0 = 1, \quad \rho_0 = \frac{r_0}{p}(1 + e\cos\theta) \qquad\qquad (4.1\text{-}29)$$

式(4.1-29)亦可由解式(4.1-28)的第 1 式和第 3 式得到。

由式(4.1-29)及式(4.1-28)的第 2 式可得

$$h_1' = \frac{r_0}{p}\frac{1}{\rho_0^3} = \frac{p^2}{r_0^2}\frac{1}{(1 + e\cos\theta)^3} \qquad\qquad (4.1\text{-}30)$$

将式(4.1-29)和式(4.1-30)代入式(4.1-28)的第 4 式并整理可得

$$\rho_1'' + \rho_1 = -\frac{2r_0}{p}h_1 + \frac{p}{r_0}\frac{e\sin\theta}{(1 + e\cos\theta)^3} \qquad\qquad (4.1\text{-}31)$$

易得式(4.1-30)和式(4.1-31)的初始条件为 $\theta = \theta_0$ 时

$$h_1 = 0, \quad \rho_1 = 0, \quad \frac{\mathrm{d}\rho_1}{\mathrm{d}\theta} = 0 \qquad\qquad (4.1\text{-}32)$$

为了简便，下面仅对近圆初始轨道即 e 较小时，求出定解问题式(4.1-30)、式(4.1-31)

和式(4.1-32)的解。

这时，舍去 e 的高次项，式(4.1-30)简化为

$$h'_1 = \frac{p^2}{r_0^2}(1 - 3e\cos\theta)$$

故

$$h_1 = \frac{p^2}{r_0^2}[(\theta - \theta_0) - 3e(\sin\theta - \sin\theta_0)]$$

$$h = 1 + \frac{p^2}{r_0^2}[(\theta - \theta_0) - 3e(\sin\theta - \sin\theta_0)]\varepsilon \approx 1 + \frac{p^2}{r_0^2}(\theta - \theta_0)\varepsilon \qquad (4.1\text{-}33)$$

式(4.1-31)可简化为

$$\rho''_1 + \rho_1 = \frac{2p}{r_0}(\theta_0 - 3e\sin\theta_0) - \frac{2p\theta}{r_0} + \frac{7p}{2r_0}e\sin\theta$$

它的通解为

$$\rho_1 = \alpha\sin(\theta + b) - \frac{2p}{r_0}\theta + \frac{2p}{r_0}(\theta_0 - 3e\sin\theta_0) - \frac{7p}{2r_0}e\,\theta\cos\theta \qquad (4.1\text{-}34)$$

又由式(4.1-32)得

$$\begin{cases} \alpha\sin(\theta_0 + b) = \dfrac{6p}{r_0}e\sin\theta_0 + \dfrac{7p}{2r_0}e\,\theta_0\sin\theta_0 \\[3mm] \alpha\cos(\theta_0 + b) = \dfrac{2p}{r_0} + \dfrac{7p}{2r_0}e\cos\theta_0 - \dfrac{7p}{2r_0}e\,\theta_0\sin\theta_0 \end{cases}$$

解得

$$\alpha \approx \frac{p}{r_0}\left[4 + \frac{7e}{r_0}(\cos\theta_0 + \theta_0\sin\theta_0)\right]$$

$$\tan(b + \theta_0) \approx \frac{1}{2}\left(6e\sin\theta_0 + \frac{7}{2}e\,\theta_0\cos\theta_0\right) \qquad (4.1\text{-}35)$$

将 α 代入式(4.1-34)并舍去 e，ε 的高次项及 e 与 ε 的乘积项，可得

$$\rho = \frac{r_0}{p}(1 + e\cos\theta) + \frac{2p}{r_0}\varepsilon[\sin(\theta + b) - (\theta - \theta_0)] \qquad (4.1\text{-}36)$$

b 由式(4.1-35)确定。

对初始轨道为圆轨道的情形，在以上的推导中考虑到 $r_0 = p$，$\theta_0 = 0$，$\varphi_0 = 0$，$e = 0$，易得

$$\begin{cases} h = 1 + \theta\varepsilon \\ \rho = 1 + 2\varepsilon(\sin\theta - \theta) \end{cases} \qquad (4.1\text{-}37)$$

这个结果与恒定切向推力的情形是一致的。实际情况也是如此：当初始轨道为圆轨道时，飞船轨道每一圈都近似于圆，因此切向与横向差别很小。

由式(4.1-37)可得

$$\frac{1}{r} = \frac{1}{r_0}(1 - 2\varepsilon\theta) + \frac{2\varepsilon}{r_0}\sin\theta$$

由参考文献[26]知，$k = (r_0^2\theta_0 h)^2 = \mu p h^2$，对圆，$k = \mu r_0 h^2$

所以

$$k = \mu r_0(1 + \theta\varepsilon)^2$$

且 $GM/k \approx \dfrac{1}{r_0}(1-2\varepsilon\theta)$

再令 $S=\dfrac{2\varepsilon}{r_0}$，$\Phi=0$，由参考文献[26]的式(19)可得

$$\mu = \frac{1}{r} = \frac{1}{r_0}(1-2\varepsilon\theta) + \frac{2\varepsilon}{r_0}\sin\theta_0$$

可见参考文献[26]的第 1 步近似式(19)实际与本文一致，而参考文献[26]并没有得到 k 与 S 的近似表达式，而仅得到了 k 与 S 的一个近似高次多项式方程。

（2）对轨道性状分析如下

1）先讨论轨道形状。

由式(4.1-36)可得

$$r = \frac{p}{1+e\cos\theta + \dfrac{2p^2}{r_0^2}\varepsilon\left[\sin(\theta+b)-(\theta-\theta_0)\right]}$$

可见，θ 较小时，因 $\varepsilon \ll 1$，故初始段近似于初始轨道；而对每一圈而言，θ 变化不大，故分母第 3 项可看做常量，因而每一圈的轨道近似于椭圆。

由式(4.1-36)知　　　$\rho[\theta+(2k+1)\pi]-\rho(\theta+2k\pi) = -\dfrac{4\pi p}{r_0}\varepsilon < 0$

所以　　　　　　　$r = \Delta r[r\theta+(2k+1)\pi]-r(\theta+2k\pi) > 0$

轨道曲线每一圈都向外展开。

后面将看到，小推力飞船有较大的逃逸角，因而总可以飞行若干圈，因此轨道为向外展开的螺旋线。

对初始圆轨道情形，可得

$$\Delta r = \frac{4\pi\varepsilon}{r_0}[r(\theta)+4\pi\varepsilon]r(\theta) \approx \frac{4\pi r_0 r^2 \alpha_0}{\mu}$$

可见对轨道初始段，本文与文献[26]的结论相符合，文献[26]仅讨论了初始段。

2）再讨论逃逸角位置。

设 t_1 为加速终了的时间，r_1，θ_1 为对应 t_1 的径向距离与角位置。要求 $t=t_1$ 时，飞船不但能脱离地球引力场，而且有一定的剩余速度 $nr_0\dot{\theta}_0$。

由 $\dfrac{1}{2}V_{t_1}^2 - g_0\dfrac{r_0^2}{r_{t_1}} = \dfrac{1}{2}(nr_0\dot{\theta}_0)^2$ 无量纲化可得

$$\left(\frac{\mathrm{d}p}{\mathrm{d}\theta}\right)_{\theta_1}^2 + \rho_{\theta_1}^2 = \frac{1}{h_{\theta_1}^2}\left(\frac{2r_0}{p}\rho_{\theta_1} + n^2\right)$$

将式(4.1-33)和式(4.1-36)代入上式并舍去 e^2，$e\varepsilon$，ε^2 项，整理可得

$$-4\varepsilon(\theta_1-\theta_0) + \frac{r_0^2}{p^2} + n^2 - 2n^2\frac{p^2}{r_0^2}(\theta_1-\theta_0)\varepsilon = 0$$

因此
$$\theta_1 = \frac{r_0^2/p^2 + n^2}{2\varepsilon(2 + n^2 p^2/r_0^2)} + \theta_0$$

令 $\bar{n} = np/r_0$ 则 $nr_0\dot{\theta}_0 = \bar{n}r_0^2\dot{\theta}_0/p$

则有
$$\theta_1 = \frac{1 + \bar{n}^2}{2\varepsilon(2 + \bar{n}^2)}\frac{r_0^2}{p^2} + \theta_0 \tag{4.1-38}$$

可见 θ_1 与 ε 成反比,并随着 $\bar{n}$ 的增大而增大。当 $\bar{n} = 0$ 时,即得逃逸角位置

$$\theta_{esc} = \frac{1}{4\varepsilon}\frac{r_0^2}{p^2} + \theta_0$$

由参考文献[26],$\dfrac{\mathrm{d}\theta}{\mathrm{d}t} > 0$,故 t_1 最小等价于 θ_1 最小。

由式(4.1-38)得

$$\theta_1 = \frac{1 + \bar{n}^2}{2\varepsilon(2 + \bar{n}^2)}\frac{1}{(1 + e\cos\theta_0)^2} + \theta_0$$

可见 $\theta_0 = 0$ 时 θ_1 最小,因而 t_1 最小,即椭圆轨道近地点为最佳起飞点。

设持续施加的横向加速度为 $a_0 = \varepsilon g_0 = \pi^{-1} \times 10^{-2} g_0$,$\bar{n} = 0$,$\theta_0 = 0$,初始轨道为

$$r = \frac{1}{1 + 0.1\cos\theta}$$

则
$$r_0 = r_p \approx 0.9,\quad \theta_{esc} \approx \frac{0.81}{4\varepsilon},\quad N_{esc} = \frac{0.81}{8\pi\varepsilon} \approx 10(\text{圈})$$

可见,当给定较大的横向加速度时,若要逃出地球引力场,还要飞行大约 10 圈。

3)最后讨论逃逸时间。

由式(4.1-23)知

$$\frac{\mathrm{d}\theta}{\rho^2 h} = \dot{\theta}_0 \mathrm{d}t \tag{4.1-39}$$

因 $\theta\varepsilon$ 项经积分后非小量,因此对式(4.1-39)左边的积分采用下面的方法。

令
$$A = \frac{r_0}{p} - \frac{2p}{r_0}\varepsilon(\theta - \theta_0),\quad B = \frac{r_0}{p}e\cos\theta + \frac{2p}{r_0}\varepsilon\sin(\theta + b)$$

则 $\rho = A + B$,且 B 可看做可忽略高次项的小量。易得

$$\frac{1}{\rho^2} = \frac{1}{(A + B)^2} \approx \frac{1}{A^2} - \frac{2B}{A^3}$$

所以
$$\frac{1}{\rho^2 h} = \frac{1}{A^2 h} - \frac{2B}{A^3 h}$$

对 $\dfrac{2B}{A^3 h}$ 进行线性化近似可得

$$\frac{1}{\rho^2 h} \approx \frac{1}{A^2 h} - 2B\frac{p^3}{r_0^3}$$

$$\int_{\theta_0}^{\theta_1} \frac{\mathrm{d}\theta}{A^2 h} = \int_{\theta_0}^{\theta_1} \frac{\mathrm{d}\theta}{\left[\dfrac{r_0}{p} - \dfrac{2p}{r_0}\varepsilon(\theta - \theta_0)\right]^2 \left[1 + \dfrac{p^2}{r_0^2}\varepsilon(\theta - \theta_0)\right]}$$

$$= \frac{1}{\varepsilon}\left(\frac{1 + \bar{n}^2}{3} - \frac{1}{9}\ln\frac{2}{5 + 3\bar{n}^2}\right)$$

所以

$$\dot{\theta}_0 t_1 = \frac{1}{\varepsilon}\left\{\left(\frac{1 + \bar{n}^2}{3} - \frac{1}{9}\ln\frac{2}{5 + 3\bar{n}^2}\right) - \frac{2p^2}{r_0^2}e\,\varepsilon(\sin\theta_1 - \sin\theta_0) - \right.$$

$$\left. \frac{4p^4}{r_0^4}\varepsilon^2\left[\cos(\theta_1 + b) - \cos(\theta_0 + b)\right]\right\}$$

所以
$$\dot{\theta}_0 t_1 \approx \frac{1}{\varepsilon}\left(\frac{1 + \bar{n}^2}{3} - \frac{1}{9}\ln\frac{2}{5 + \bar{n}^2}\right)$$

当 $\bar{n}^2 = 0$ 时，即得逃逸时间为 $\dot{\theta}_0 t_{\mathrm{esc}} \approx \dfrac{0.43}{\varepsilon}$，可见加速时间与逃逸时间与 ε 成反比。

4.2　从椭圆轨道上起飞的恒定切向小推力飞行问题

在地球表面或在大气阻力较大的场合，不能利用小推力发射航天飞行器。但是，如果把飞行器送到绕地球的初始轨道上，由于在轨道上运行的飞行器及其内部物体都趋于失重状态，用很小的推力，就可把飞行器逐渐推离初始轨道。小推力可以持续相当长的时间。因此，飞行器有可能达到很高的飞行速度，这样就可利用光压或采用推力小但比冲高的电火箭等。

从初始圆轨道上起飞的小推力飞行器飞行轨道，参考文献[4]和参考文献[26]中都有较详细的讨论。本节讨论从初始椭圆轨道上起飞的恒定切向小推力加速度飞行器的飞行问题；给出了飞行轨道的近似解析解；然后证明了当初始轨道的偏心率 e 较小（包括 $e=0$）时，飞行轨道是一展开的螺旋曲线，并分析了飞行轨道的性能等。初始圆轨道的情况是本文的特殊情况。

本节讨论在地球引力场内的小推力飞行情形。对于在其他行星引力场的飞行，只要推力加速度与当地引力加速度相比是很小时，也可得出类似的结论。

4.2.1　运动方程的近似解析解

航天飞行器从初始轨道

$$r = \frac{p}{1 + e\cos\theta} \tag{E}$$

上任一点 r_0 起飞。其中，e 是初始轨道的偏心率，且 $0 \leqslant e < 1$，p 是通径，θ 是极角。

设 r_0 点的极角为 θ_0，航迹角是 ϕ_0，g_0 为在初始轨道（E）上 r_0 点的重力常数

$$g_0 = \frac{\mu}{r_0^2} \tag{4.2-1}$$

对单位质量飞行器而言，其径向运动的方程为

$$\frac{\mathrm{d}^2 r}{\mathrm{d}t^2} - r\left(\frac{\mathrm{d}\theta}{\mathrm{d}t}\right)^2 = -g_0\left(\frac{r_0}{r}\right)^2 + a\sin\delta \tag{4.2-2}$$

而由单位时间内角动量的变化可得周向运动的方程为

$$\frac{\mathrm{d}}{\mathrm{d}t}\left(r^2 \frac{\mathrm{d}\theta}{\mathrm{d}t}\right) = ar\cos\delta \tag{4.2-3}$$

其中，δ 为推力角，a 为推力加速度（如图 4-4）。图 4-4 中 ϕ 是航迹角。

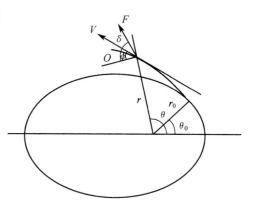

图 4-4　小推力时优化分析（4）

假设推力方向恒为切向，推力加速度为常数，即

$$\delta = \phi, \ a = a_0$$

飞行器的运动方程为

$$\frac{\mathrm{d}^2 r}{\mathrm{d}t^2} - r\left(\frac{\mathrm{d}\theta}{\mathrm{d}t}\right)^2 = -g_0\left(\frac{r_0}{r}\right)^2 + a_0\sin\phi \tag{4.2-2'}$$

$$\frac{\mathrm{d}}{\mathrm{d}t}\left(r^2 \frac{\mathrm{d}\theta}{\mathrm{d}t}\right) = a_0 r\cos\phi \tag{4.2-3'}$$

初始条件为

$t = 0$ 时，$\theta = \theta_0$；

$t = 0$ 时，$r = r_0$；

当 $t = 0$ 时，飞行器还在初始轨道上，故初始速度 $V_0 = \dfrac{\sqrt{\mu p}}{r_0 \cos\phi_0}$。

所以

$$\dot{r}_0 \triangleq \left(\frac{\mathrm{d}r}{\mathrm{d}t}\right)_{t=0} = \frac{\sqrt{\mu p}}{r_0}\tan\phi_0 \tag{4.2-4}$$

$$\dot{\theta}_0 \triangleq \left(\frac{\mathrm{d}\theta}{\mathrm{d}t}\right)_{t=0} = \frac{\sqrt{\mu p}}{r_0^2} \tag{4.2-5}$$

为了便于讨论，引入下列无量纲变量。

令
$$\rho = \frac{r_0}{r}, \; h = \frac{r^2 \dfrac{\mathrm{d}\theta}{\mathrm{d}t}}{r_0^2 \dot{\theta}_0} = \frac{\mathrm{d}\theta/\mathrm{d}t}{\rho^2 \dot{\theta}_0} \tag{4.2-6}$$

飞行器在飞行轨道上的速度 V 满足
$$V^2 = \left(\frac{\mathrm{d}r}{\mathrm{d}t}\right)^2 + r^2 \left(\frac{\mathrm{d}\theta}{\mathrm{d}t}\right)^2 \tag{4.2-7}$$

$$\sin \phi = \frac{\mathrm{d}r}{\mathrm{d}t} / V \tag{4.2-8}$$

$$\cos \phi = r \frac{\mathrm{d}\theta}{\mathrm{d}t} / V \tag{4.2-9}$$

利用式(4.2-6)～式(4.2-9)则有
$$\frac{\mathrm{d}r}{\mathrm{d}t} = - h \dot{\theta}_0 r_0 \frac{\mathrm{d}\rho}{\mathrm{d}\theta}$$

$$\frac{\mathrm{d}^2 r}{\mathrm{d}t^2} = - h \dot{\theta}_0^2 r_0 \rho^2 \left(h \frac{\mathrm{d}^2 \rho}{\mathrm{d}\theta^2} + \frac{\mathrm{d}h}{\mathrm{d}\theta} \frac{\mathrm{d}\rho}{\mathrm{d}\theta} \right) \tag{4.2-10}$$

$$V^2 = h^2 \dot{\theta}_0^2 r_0^2 \left[\rho^2 + \left(\frac{\mathrm{d}\rho}{\mathrm{d}\theta}\right)^2 \right]$$

$$\sin \phi = - \frac{\mathrm{d}\rho}{\mathrm{d}\theta} / \left[\rho^2 + \left(\frac{\mathrm{d}\rho}{\mathrm{d}\theta}\right)^2 \right]^{\frac{1}{2}}$$

$$\cos \phi = \rho / \left[\rho^2 + \left(\frac{\mathrm{d}\rho}{\mathrm{d}\theta}\right)^2 \right]^{\frac{1}{2}}$$

将式(4.2-6)和式(4.2-10)代入式(4.2-2′)和式(4.2-3′)，整理后得到
$$h \frac{\mathrm{d}^2 \rho}{\mathrm{d}\theta^2} + \frac{\mathrm{d}h}{\mathrm{d}\theta} \frac{\mathrm{d}\rho}{\mathrm{d}\theta} + h\rho = \frac{g_0}{\dot{\theta}_0^2 r_0} \frac{1}{h} + \frac{a_0}{\dot{\theta}_0^2 r_0} \frac{\mathrm{d}\rho/\mathrm{d}\theta}{\rho^2 h [\rho^2 + (\mathrm{d}\rho/\mathrm{d}\theta)^2]^{\frac{1}{2}}} \tag{4.2-11}$$

$$\frac{\mathrm{d}h}{\mathrm{d}\theta} = \frac{a_0}{\dot{\theta}_0^2 r_0} \frac{1}{\rho^2 h [\rho^2 + (\mathrm{d}\rho/\mathrm{d}\theta)^2]^{\frac{1}{2}}} \tag{4.2-12}$$

由式(4.2-1)和式(4.2-5)，有
$$\dot{\theta}_0^2 r_0 = \frac{g_0 p}{r_0} \tag{4.2-13}$$

利用式(4.2-12)和式(4.2-13)，式(4.2-11)可写成
$$\frac{\mathrm{d}^2 \rho}{\mathrm{d}\theta^2} + \rho = \frac{r_0}{p} \frac{1}{h^2} \tag{4.2-14}$$

再利用式(4.2-13)，把式(4.2-12)写成
$$\frac{\mathrm{d}h}{\mathrm{d}\theta} = \frac{r_0}{p} \frac{a_0/g_0}{\rho^2 h [\rho^2 + (\mathrm{d}\rho/\mathrm{d}\theta)^2]^{\frac{1}{2}}} \tag{4.2-15}$$

由于

$$\frac{\mathrm{d}\rho}{\mathrm{d}\theta} = -\frac{r_0}{r^2}\frac{\mathrm{d}r}{\mathrm{d}\theta}$$

及式(4.2-4)和式(4.2-5)，则得到

$$\left(\frac{\mathrm{d}\rho}{\mathrm{d}\theta}\right)_{\theta=\theta_0,r=r_0} = -\tan\phi_0 \tag{4.2-16}$$

这样方程(4.2-14)和方程(4.2-15)的初始条件是

$$\theta = \theta_0 \text{ 时：} \rho = 1, h = 1, \frac{\mathrm{d}\rho}{\mathrm{d}\theta} = -\tan\phi_0 \tag{4.2-17}$$

令 $\varepsilon = \dfrac{a_0}{g_0} \ll 1$，$\varepsilon$ 一般在 $10^{-5} \sim 10^{-2}$ 范围内。$\dfrac{1}{h}$ 和 ρ 可看成 θ 和 ε 的函数，我们用幂级数理论求方程(4.2-14)和方程(4.2-15)的近似解析解。

设 $\dfrac{1}{h^4}$ 和 ρ 展成 ε 的幂级数为

$$\frac{1}{h^4} = h_0(\theta) + h_1(\theta)\varepsilon + h_2(\theta)\varepsilon^2 + \cdots \tag{4.2-18}$$

$$\rho = \rho_0(\theta) + \rho_1(\theta)\varepsilon + \rho_2(\theta)\varepsilon^2 + \cdots \tag{4.2-19}$$

由初始条件式(4.2-17)，有

$$h_0(\theta_0) = 1, h_1(\theta_0) = h_2(\theta_0) = \cdots = 0$$
$$\rho_0(\theta_0) = 1, \rho_1(\theta_0) = \rho_2(\theta_0) = \cdots = 0$$

由于式中 h_0 和 ρ_0 是飞行器在没有受推力作用，仍在初始轨道上运动时的 h^{-4} 和 ρ 对应的值，因此

$$h_0 = 1 \tag{4.2-20}$$

$$\rho_0 = \frac{r_0}{p}(1 + e\cos\theta) \tag{4.2-21}$$

由式(4.2-15)，有

$$\frac{\mathrm{d}}{\mathrm{d}\theta}\left(\frac{1}{h^4}\right) = -\frac{4r_0}{p}\frac{\varepsilon}{\rho^2 h^6 [\rho^2 + (\mathrm{d}\rho/\mathrm{d}\theta)^2]^{\frac{1}{2}}} \tag{4.2-22}$$

把上式两边平方后写成

$$\rho^4\left\{\rho^2 + (\mathrm{d}\rho/\mathrm{d}\theta)^2\left[\frac{\mathrm{d}}{\mathrm{d}\theta}\left(\frac{1}{h^4}\right)\right]^2\right\} = \left(-\frac{4r_0}{p}\right)^2\left(\frac{1}{h^4}\right)^3\varepsilon^2 \tag{4.2-23}$$

把式(4.2-18)～式(4.2-21)代入式(4.2-23)，然后比较系数后得

$$\frac{\mathrm{d}h_1}{\mathrm{d}\theta} = -\frac{p^2}{r_0^2}\frac{4}{(1 + e\cos\theta)^2(1 + 2e\cos\theta + e^2)^{\frac{1}{2}}} \tag{4.2-24}$$

故

$$\frac{\mathrm{d}h_1}{\mathrm{d}\theta} = -\frac{p^2}{r_0^2} \frac{4(1+e^2)^{-\frac{1}{2}}}{(1+e\cos\theta)^2 \left(1+\dfrac{2e}{1+e^2}\cos\theta\right)^{\frac{1}{2}}} \tag{4.2-24'}$$

将 $\dfrac{1}{(1+e\cos\theta)^2}$，$\dfrac{1}{\left(1+\dfrac{2e}{1+e^2}\cos\theta\right)^{\frac{1}{2}}}$ 展成幂级数，并去掉含 e^2 及更高阶项，代入式(4.2-24')，得近似式

$$\frac{\mathrm{d}h_1}{\mathrm{d}\theta} = -\frac{p^2}{r_0^2} \frac{4}{(1+e^2)^{\frac{1}{2}}}\left[1-\left(2+\frac{1}{1+e^2}\right)e\cos\theta\right]$$

利用初始条件，$h_1(\theta_0)=0$，积分上式

$$h_1 = -\frac{4p^2}{r_0^2(1+e^2)^{\frac{1}{2}}}\left[(\theta-\theta_0)-\left(2+\frac{1}{1+e^2}\right)e(\sin\theta-\sin\theta_0)\right] \tag{4.2-25}$$

方程(4.2-14)是一个二阶线性微分方程，其解表成

$$\rho(\theta) = s_0\cos(\theta-\alpha_0) + \frac{r_0}{p}\int_{\theta_0}^{\theta}\sin(\theta-\tau)\frac{1}{h^2(\tau)}\mathrm{d}\tau \tag{4.2-26}$$

式中 s_0 和 α_0 是积分常数，由式(4.2-17)，则有

$$s_0 = \frac{1}{\cos\phi_0}, \quad \alpha_0 = \theta_0 - \phi_0$$

故

$$\rho(\theta) = \frac{1}{\cos\phi_0}\cos(\theta-\theta_0+\phi_0) + \frac{r_0}{p}\int_{\theta_0}^{\theta}\sin(\theta-\tau)\frac{1}{h^2(\tau)}\mathrm{d}\tau \tag{4.2-27}$$

航迹角 ϕ 的变化范围是：$-\dfrac{\pi}{2}<\phi<\dfrac{\pi}{2}$，因此

$$\frac{\mathrm{d}\theta}{\mathrm{d}t} = \frac{V}{r}\cos\phi > 0$$

故飞行器的极角 θ 随时间 t 单调增加。由式(4.2-6)和式(4.2-15)，易知

$$\frac{\mathrm{d}h}{\mathrm{d}\theta} > 0$$

再由 $h(\theta_0)=1$，得

$$0 < \frac{1}{h} \leqslant 1$$

因此有

$$\frac{1}{h^2} = \left[1+(h_1\varepsilon + h_2\varepsilon^2 + \cdots)\right]^{\frac{1}{2}}$$

$$= 1 + \frac{1}{2}(h_1\varepsilon + h_2\varepsilon^2 + \cdots) + \left(-\frac{1}{8}\right)(h_1\varepsilon + h_2\varepsilon^2 + \cdots)^2 + \cdots$$

整理后得

$$\frac{1}{h^2} = 1 + \frac{1}{2}h_1\varepsilon + \left(\frac{h_2}{2} - \frac{h_1}{8}\right)\varepsilon^2 + \cdots \tag{4.2-28}$$

将式(4.2-19)和式(4.2-28)代入式(4.2-27)后，比较系数得到

$$\rho_1(\theta) = \frac{r_0}{2p}\int_{\theta_0}^{\theta} \sin(\theta - \tau)h_1(\tau)\mathrm{d}\tau \tag{4.2-29}$$

把式(4.2-25)代入上式，积分后有

$$\rho_1(\theta) = -\frac{2p}{r_0(1+e^2)^{\frac{1}{2}}}\left\{(\theta - \theta_0) - \sin(\theta - \theta_0) - \left(2 + \frac{1}{1+e^2}\right)\times\right.$$

$$\left. e\left[\frac{1}{2}\sin\theta - \sin\theta_0 - \frac{1}{2}(\theta - \theta_0)\cos\theta + \frac{1}{2}\sin\theta_0\cos(\theta - \theta_0)\right]\right\}$$

将 $\rho_0(\theta)$ 和 $\rho_1(\theta)$ 的表达式代入式(4.2-19)，并去掉高阶项，则得到运动方程的近似解析解

$$\rho(\theta) = \frac{r_0}{p}(1 + e\cos\theta) - \frac{2p\,\varepsilon}{r_0(1+e^2)^{\frac{1}{2}}}\left[(\theta - \theta_0) - \sin(\theta - \theta_0)\right] \tag{4.2-30}$$

利用上述结果，我们来推导初始轨道为圆轨道这种特殊情况的有关结论。

当初始轨道是圆轨道时，有

$$e = 0, \theta_0 = 0, \phi_0 = 0, r_0 = p$$

故

$$\rho(\theta) = 1 - 2\varepsilon(\theta - \sin\theta) \tag{4.2-31}$$

由式(4.2-18)、式(4.2-20)和式(4.2-25)，可得近似式

$$\frac{1}{h(\theta)} = 1 - \theta\varepsilon \tag{4.2-32}$$

把式(4.2-31)和式(4.2-32)代入式(4.2-6)，有

$$\dot{\theta}_0\mathrm{d}t = (1 - \theta\varepsilon)\left[1 - 2\varepsilon(\theta - \sin\theta)\right]^{-2}\mathrm{d}\theta$$

对上式线性化后，两边从 0 到 t 及从 0 到 θ 积分则有

$$\dot{\theta}_0 t = \theta + \frac{3}{2}\theta^2\varepsilon + 4(\cos\theta - 1)\varepsilon \tag{4.2-33}$$

$\dot{\theta}_0 t$ 是飞行器在初始轨道上运动在时刻 t 的极角。因此，式(4.2-33)说明了飞行轨道在初始段的角位置与在初始轨道上对应的角位置偏差很小。

令　　　　　　　　$\varphi = \dot{\theta}_0 t \quad \theta' = \theta - \varphi$

把上式代入式(4.2-31)和式(4.2-33)，线性近似后，可得 θ' 和 r 与 φ 的近似关系式

$$\theta' = -\frac{\varepsilon}{2}\left[3\varphi^2 - 8(1 - \cos\varphi)\right] \tag{4.2-34}$$

$$\frac{r}{r_0} = 1 + 2\varepsilon(\varphi - \sin\varphi) \tag{4.2-35}$$

下面求 V 与 φ 的近似关系式。由式(4.2-10)知

$$V^2 = h^2 \dot{\theta}_0^2 r_0^2 \left[\rho^2 + \left(\frac{\mathrm{d}\rho}{\mathrm{d}\theta} \right)^2 \right]$$

把式(4.2-31)、式(4.2-32)和式(4.2-34)代入上式，线性近似后，得

$$V = \dot{\theta}_0 r_0 [1 - \varepsilon(\varphi - 2\sin\varphi)]$$

在初始圆轨道情况，有

$$\dot{\theta}_0 = \frac{V_0}{r_0}$$

故

$$V = V_0 [1 - \varepsilon(\varphi - 2\sin\varphi)] \tag{4.2-36}$$

上述获得的有关初始圆轨道情况下的结论与参考文献[26]中的相应结论是一致的。式(4.2-34)～式(4.2-36)较精确地描述了初始段的飞行轨道。

4.2.2　性能分析

设 $t = t_1$ 为加速终了的时间，r_1 为对应的径向距离，而此时的角位置为 θ_1。对于单位质量的飞行器而论，它此时所具有的动能 E_m 为

$$E_m = \frac{1}{2} (V^2)_{t=t_1}$$

而单位质量飞行器所具有的势能 E_h 为

$$E_h = - g_0 \frac{r_0^2}{r_1}$$

一般要求在加速段终了，不但有足够的能量脱离地球引力场，而且要求脱离地球引力场之后还要有一定的速度 $n \dfrac{r_0^2}{p} \dot{\theta}_0$，其中 n 为一无量纲的参数，表示剩余速度的大小。与其他的天体交会则要求

$$\frac{1}{2} (V^2)_{t=t_1} - g_0 \frac{r_0^2}{r_1} = \frac{1}{2} \left(n \frac{r_0^2}{p} \dot{\theta}_0 \right)^2 \tag{4.2-37}$$

由式(4.2-10)和式(4.2-13)，式(4.2-37)可写成

$$\left[\rho^2 + \left(\frac{\mathrm{d}\rho}{\mathrm{d}\theta} \right)^2 \right]_{\theta=\theta_1} = \left(\frac{2r_0}{p} \frac{\rho}{h^2} + \frac{r_0^2}{p^2} \frac{n^2}{h^2} \right)_{\theta=\theta_1} \tag{4.2-38}$$

将式(4.2-20)和式(4.2-25)代入式(4.2-18)，去掉二阶及更高阶项，得近似式

$$\frac{1}{h} = \left[1 - \frac{4p^2\varepsilon}{r_0^2(1+e^2)^{\frac{1}{2}}} (\theta - \theta_0) \right]^{\frac{1}{4}} \tag{4.2-39}$$

将式(4.2-30)和式(4.2-39)代入式(4.2-38)，并进行线性化近似，整理后得

$$1 - e^2 - \frac{4p^2\varepsilon}{r_0^2(1+e^2)^{\frac{1}{2}}} (\theta_1 - \theta_0) - \frac{4p^2\varepsilon}{r_0^2(1+e^2)^{\frac{1}{2}}} e(\sin\theta_1 - \sin\theta_0) +$$

$$n^2\left[1-\frac{2p^2\varepsilon}{r_0^2(1+e^2)^{\frac{1}{2}}}(\theta_1-\theta_0)\right]=0 \qquad (4.2\text{-}40)$$

这样由式(4.2-40)可得 θ_1 的一个近似估计

$$\theta_1=\frac{(1-e^2+n^2)r_0^2(1+e^2)^{\frac{1}{2}}}{2(2+n^2)p^2\varepsilon}+\theta_0 \qquad (4.2\text{-}41)$$

当 $n=0$ 时，即达到逃逸速度时的角位置 θ_{esc}，由式(4.2-41)可估计为

$$\theta_{\text{esc}}=\frac{(1-e^2)r_0^2(1+e^2)^{\frac{1}{2}}}{4p^2\varepsilon}+\theta_0 \qquad (4.2\text{-}42)$$

因此，我们有结论：加速终了时的角位置近似与 $\frac{a_0}{g_0}$ 成反比。

利用式(4.2-42)，在初始圆轨道这种特殊情况，达到逃逸速度时的角位置为

$$\theta_{\text{esc}}=\frac{1}{4\varepsilon} \qquad (4.2\text{-}43)$$

这个结论与参考文献[25]中的相应结论是一致的。

如果用 N_1 表示加速终了飞行器飞行的圈数，那么有

$$N_1=\frac{\theta_1}{2\pi}=\frac{(1-e^2+n^2)r_0^2(1+e^2)^{\frac{1}{2}}}{4\pi(2+n^2)p^2\varepsilon}+\frac{\theta_0}{2\pi} \qquad (4.2\text{-}44)$$

我们来求 t_1。

由式(4.2-6)，有

$$\dot{\theta}_0\,\mathrm{d}t=\frac{1}{h\rho^2}\mathrm{d}\theta \qquad (4.2\text{-}45)$$

把式(4.2-30)和式(4.2-39)代入式(4.2-45)，得到

$$\dot{\theta}_0\,\mathrm{d}t=\left[1-\frac{4p^2\varepsilon}{r_0^2(1+e^2)^{\frac{1}{2}}}(\theta-\theta_0)\right]^{\frac{1}{4}}\left\{\frac{r_0}{p}(1+e\cos\theta)-\right.$$

$$\left.\frac{2p\varepsilon}{r_0(1+e^2)^{\frac{1}{2}}}\left[(\theta-\theta_0)-\sin(\theta-\theta_0)\right]\right\}^{-2}\mathrm{d}\theta$$

令

$$D=\frac{p^2\varepsilon}{r_0^2(1+e^2)^{\frac{1}{2}}}$$

有

$$\dot{\theta}_0\,\mathrm{d}t=\left[1-4D(\theta-\theta_0)\right]^{\frac{1}{4}}\{1+e\cos\theta-2D[(\theta-\theta_0)-\sin(\theta-\theta_0)]\}^{-2}\frac{p^2}{r_0^2}\mathrm{d}\theta$$

对上式右边第 2 个因式进行线性化近似，则

$$\dot{\theta}_0\,\mathrm{d}t=\frac{p^2}{r_0^2}\left[1-4D(\theta-\theta_0)\right]^{\frac{1}{4}}\left[1+4D(\theta-\theta_0)-2e\cos\theta-4D\sin(\theta-\theta_0)\right]\mathrm{d}\theta$$

$$=\frac{p^2}{r_0^2}\left[1-4D(\theta-\theta_0)\right]^{\frac{1}{4}-1}\left[1-16D^2(\theta-\theta_0)^2\right]\mathrm{d}\theta-$$

$$\frac{p^2}{r_0^2}\left[1-4D(\theta-\theta_0)\right]^{\frac{1}{4}}\left[2ec\cos\theta+4D\sin(\theta-\theta_0)\right]\mathrm{d}\theta$$

对上式两边积分。由于 $0\leqslant e<1$，$\varepsilon\ll1$，因此，上式右边第 2 项的积分值较小，去掉这项，可得 t_1 的近似值

$$\dot{\theta}_0 t_1=\frac{(1+e^2)^{\frac{1}{2}}}{\varepsilon}\{1-\left[1-4D(\theta_1-\theta_0)\right]^{\frac{1}{4}}\}+A$$

其中　　　　$A=-\int_{\theta_0}^{\theta_1}\left[1-4D(\theta-\theta_0)\right]^{-\frac{3}{4}}16D^2(\theta-\theta_0)^2\mathrm{d}\theta\approx-\frac{16}{3}D^2(\theta_1-\theta_0)^3$

故 t_1 的近似值为

$$\dot{\theta}_0 t_1=\frac{(1+e^2)^{\frac{1}{2}}}{\varepsilon}\{1-\left[1-4D(\theta_1-\theta_0)\right]^{\frac{1}{4}}\}-\frac{16}{3}D^2(\theta_1-\theta_0)^3 \tag{4.2-46}$$

把式(4.2-41)代入式(4.2-46)，整理得

$$\dot{\theta}_0 t_1=\frac{(1+e^2)^{\frac{1}{2}}}{\varepsilon}\left[1-\left(\frac{2e^2-n^2}{2+n^2}\right)^{\frac{1}{4}}\right]-\frac{r_0^2(1-e^2+n^2)^3(1+e^2)}{g(2+n^2)p^2\varepsilon} \tag{4.2-47}$$

将 $n=0$ 代入上式，就得到逃逸时间 t_{esc} 为

$$\dot{\theta}_0 t_{\mathrm{esc}}=\frac{(1+e^2)^{\frac{1}{2}}(1-e^{\frac{1}{2}})}{\varepsilon}-\frac{r_0^2(1-e^2)^3(1+e^2)}{16p^2\varepsilon} \tag{4.2-48}$$

特别是在初始圆轨道($e=0$)时，逃逸时间近似为

$$\dot{\theta}_0 t_{\mathrm{esc}}=\frac{0.9}{\varepsilon} \tag{4.2-49}$$

由上述分析，我们得出结论，即加速终了的时间近似与 $\dfrac{a_0}{g_0}$ 成反比。

下面讨论加速终了时的推进剂消耗。

设 c 为有效喷气速度，m_0 为 $t=0$ 时的质量，m_1 为 $t=t_1$ 时的质量，则对于单位质量的推力有下列关系

$$-c\frac{\mathrm{d}m}{\mathrm{d}t}\frac{1}{m}=a_0$$

如果 c 是常数，在 t 和 m 由 0 到 t_1 及 m_0 到 m_1 之间进行积分，则得

$$-c\ln\frac{m_1}{m_0}=a_0 t_1 \tag{4.2-50}$$

所以

$$\frac{m_0-m_1}{m_0}=1-\exp\left(-\frac{a_0}{c}t_1\right) \tag{4.2-51}$$

若用 m_p 表示加速终了时的推进剂消耗，则

$$m_p=m_0-m_1$$

故

$$\frac{m_p}{m_0} = 1 - \exp\left(-\frac{a_0}{c}t_1\right) \qquad (4.2\text{-}52)$$

把式(4.2-47)代入式(4.2-52)，有

$$\frac{m_p}{m_0} = 1 - \exp\left\{-\frac{a_0(1+e^2)^{\frac{1}{2}}}{c\dot{\theta}_0\varepsilon}\left[1-\left(\frac{2e^2-n^2}{2+n^2}\right)^{\frac{1}{4}}\right]+\frac{a_0 r_0^2(1-e^2+n^2)^3(1+e^2)}{8c\dot{\theta}_0(2+n^2)p^2\varepsilon}\right\}$$

$$(4.2\text{-}53)$$

从式(4.2−53)可看出，有效喷气速度 c 越大，推进剂消耗就越少。

4.2.3　最佳起飞点

我们来讨论从初始椭圆轨道上起飞，使 t_1 最小的起飞点。

由 4.2.2 节知道，飞行器的极角 θ 随时间单调增加。故使 θ_1 最小的起飞点亦使 t_1 达到最小。因此只需求使 θ_1 最小的起飞点。

把 $\dfrac{r_0}{p}=\dfrac{1}{1+e\cos\theta_0}$ 代入式(4.2-41)，则有

$$\theta_1 = \frac{(1-e^2+n^2)(1+e^2)^{\frac{1}{2}}}{2(2+n^2)\varepsilon(1+e\cos\theta_0)^2}+\theta_0$$

故

$$\min_{0\leqslant\theta_0\leqslant2\pi}\theta_1 = \min_{0\leqslant\theta_0\leqslant2\pi}\left[\frac{(1-e^2+n^2)(1+e^2)^{\frac{1}{2}}}{2(2+n^2)\varepsilon(1+e\cos\theta_0)^2}+\theta_0\right]$$

易知，当 $\theta_0=0$ 时，θ_1 最小。

因此，最佳的起飞点是初始椭圆轨道的近地点。这是充分利用了初始轨道上的能量的缘故。

4.2.4　飞行轨道的形状

由式(4.2-44)，容易知道飞行器达到逃逸速度时，所飞行的圈数 N_{esc} 为

$$N_{\text{esc}} = \frac{(1-e^2)(1+e^2)^{\frac{1}{2}}r_0^2}{8\pi p^2\varepsilon}+\frac{\theta_0}{2\pi} \qquad (4.2\text{-}54)$$

若 $e=0$，则

$$N_{\text{esc}} = \frac{1}{8\pi\varepsilon}$$

如果取 $\varepsilon=10^{-2}$ 代入上式得

$$N_{\text{esc}} \approx 4(\text{圈})$$

这说明从初始圆轨道上起飞的飞行器飞行 4 圈以上才能达到逃逸速度。

把 $\dfrac{r_0}{p} = \dfrac{1}{1 + e\cos\theta_0}$ 代入式(4.2-54)，可得到

$$\min_{0 \leqslant \theta_0 \leqslant 2\pi} N_{\text{esc}} = \frac{(1 + e^2)^{\frac{1}{2}}(1 - e)}{8\pi\varepsilon(1 + e)} \tag{4.2-55}$$

当 $e = 0.5$，$\varepsilon = 10^{-2}$ 时

$$\min_{0 \leqslant \theta_0 \leqslant 2\pi} N_{\text{esc}} \approx 1.4 (圈)$$

易证 $\min\limits_{0 \leqslant \theta_0 \leqslant 2\pi} N_{\text{esc}}$ 随 e 单调减少。因此，当初始轨道的偏心率 e 不太大时，飞行器至少要绕地球飞行 1 圈以上才能达到逃逸速度。当然，当 e 接近于 1 时，飞行器绕地球飞行不足 1 圈就可达到逃逸速度。

我们再来讨论飞行器的径向距离的变化趋势。

由式(4.2-27)，有

$$\rho(\theta + 2k\pi) = \frac{1}{\cos\phi_0}\cos(\theta - \theta_0 + \phi_0) + \frac{r_0}{p}\int_{\theta_0}^{\theta + 2k\pi}\sin(\theta - \tau)\frac{1}{h^2(\tau)}\mathrm{d}\tau \tag{4.2-56}$$

式中 k——自然数。

因此

$$\rho(\theta + 2k\pi) - \rho[\theta + 2(k - 1)\pi] = \frac{r_0}{p}\int_{\theta + 2(k-1)\pi}^{\theta + 2k\pi}\sin(\theta - \tau)\frac{1}{h^2(\tau)}\mathrm{d}t$$

对上式作些简单变换后，可整理成

$$\rho(\theta + 2k\pi) - \rho[\theta + 2(k - 1)\pi] = -\frac{r_0}{p}\int_0^\pi\sin\tau\left\{\frac{1}{h^2[\tau + \theta + 2(k-1)\pi]} - \frac{1}{h^2[\tau + \theta + (2k-1)\pi]}\right\}\mathrm{d}\tau$$

由 4.2.1 节知道 $\dfrac{\mathrm{d}h}{\mathrm{d}\theta} > 0$，即 h 随 θ 单调增加，再利用上式易得

$$\rho(\theta + 2k\pi) < \rho[\theta + 2(k - 1)\pi] \tag{4.2-57}$$

故 $\rho(\theta + 2k\pi)$ 随 k 单调减小，即 $r(\theta + 2k\pi)$ 随 k 单调增加。

因此，综合上述分析，我们得出结论：当 e 不太大时，飞行轨道是一条展开的螺旋曲线。

从 4.2.1 节的讨论易知当 $\varepsilon \to 0$ 时

$$r \to \frac{p}{1 + e\cos\theta}$$

这说明飞行轨道的初始段是非常接近初始轨道的。

由式(4.2-30)，则有

$$r = \frac{p}{1 - \dfrac{2p^2\varepsilon}{r_0^2(1 + e^2)^{\frac{1}{2}}}[(\theta - \theta_0) - \sin(\theta - \theta_0)] + e\cos\theta} \tag{4.2-58}$$

飞行器在每飞行的一圈中，可近似把

$$1-\frac{2p^2\varepsilon}{r_0^2(1+e^2)^{\frac{1}{2}}}\big[(\theta-\theta_0)-\sin(\theta-\theta_0)\big]$$

看成常量。因此，飞行轨道的开始几圈，对于初始圆轨道情况，每一圈近似于圆。而对于初始椭圆轨道的情况，则飞行的每一圈近似于椭圆。

第 5 章 关于太阳系中大星体间的 优化飞行初步探讨

5.1 关于太阳系中的优化飞行(1)

早在 30 多年前,我们就解决了当 $r_0 \leqslant r_P$ 及 $r_P < r_0 < r_A$ 等情况时绕地飞行航天器的最佳发射轨道问题及飞船返回时的一个有关轨道的优化问题,并且都公开发表了参考文献[26 - 27]。参考文献[15]中也收录了这些文章。

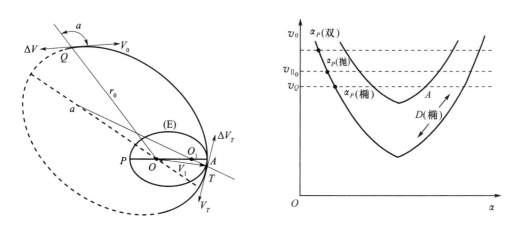

图 5-1 返回优化模型和分析

有关返回的模型如下:从能量方面考虑:假定飞船由星际返回地球引力圈内标定极径 $r_0 =$ const 的一点 Q 时所具有的速度为 v_Q,方向角 α 任意控制。若飞船在 Q 处受到一个逆向的瞬间冲击,速度骤降至 v_0,以后在地球引力单独作用下自行飞行,在到达自由飞行段终点时速度已变成 v'_T,在那里再受到一次逆向的瞬间冲击后,飞船的速度骤降至 v_T,从而进入预定的低椭圆轨道运行(参见图 5-1)。

5.1.1 原来的优化结论(参见图 5-1,内容见参考文献[15]的 3.1 节)

1)若 $v_Q < v_{\text{II}_0}$,那么此时的最佳过渡轨道是 α_P(椭)对应之椭圆。其他任何的双曲、抛物和

椭圆弧段过渡都不好。进入要在预定轨道的近地点,下面都是如此。

2)若 $v_Q = v_{\text{II}_0}$,那么此时的最佳过渡是 $\alpha_P(抛)$ 对应的抛物线弧段。

3)若 $v_Q > v_{\text{II}_0}$,那么此时的最佳过渡是 $\alpha_P(双)$ 对应的双曲线弧段。

以上三种情况,均不用进行第一次逆向冲击。

4)若 $v_Q < v_{mP}$,这里 $v_{mP} = v_{\text{II}_0}\sqrt{\dfrac{r_P}{r_P + r_0}}$ 是为了用椭圆轨道过渡且由给定的目标轨道近地点 P 进入所需要的最小 v_0。此时为了进入给定的目标轨道就得在 Q 处加速。从参考文献[15]中 p-95 的函数 $\overline{f}_2$ 的性质可知:不但此时在预定目标轨道的近地点进入为好,而且它在 p 曲线的顶点 $\alpha = \dfrac{\pi}{2}$ 处达最小值

$$f'_{\text{最小}} = v_{\text{II}_0}\sqrt{\frac{r_0 + r_P}{r_P}} - (v_Q + \frac{u\sqrt{p}}{r_P})$$

以上是对给定的 r_0 而言的。

如果角度合适,那么让飞船利用地球引力而下降,显然 r_0 会越来越小,v_Q 会越来越大,这就又产生了一个整体优化的问题。

5.1.2　返回时要进入预定椭圆轨道的整体优化

指标是

$$f = |v_Q - v_0| + (v'_T - v_T)$$

不妨记开始的 r_0 时 $f = f_0$,而预定低椭圆轨道的近地距是 r_P,远地距是 r_A。

那么在 (r_A, r_0) 范围内,由大到小选择几个 r_i 计算其对应的 f_i 值,例如算 k 个,然后对这 $(k+1)$ 个 f_i 值($i = 0, 1, \cdots, k$)进行比较取其最小者,即得这种情况下的整体最佳值及其对应的整体最佳的 $(\overline{r}_i, \overline{v}_i, \overline{\alpha}_i)$。

请注意:若 $v_Q \geqslant v_{\text{II}_0}$ 或 $v_Q < v_{\text{II}_0}$ 但 $v_Q \geqslant V_{mP}$;那么此时 $v_0 = v_Q$,一次冲击就能进入预定椭圆轨道。

只有当 $v_Q < v_{mP}$ 时,才要进行二次冲击。但从计算第二宇宙速度可知:哪怕原来 v_Q 很小,那么到接近地面时它的值也接近第二宇宙速度。所以哪怕这种情况,我们在降落过程中充分利用 v_Q 值增大这个事实,而不必像 $v_Q < v_{mP}$ 时那样要两次冲击,也是可能的。这时冲击只有一次(就是在预定椭圆轨道的近地点 p 处的那次冲击),它是充分利用了地球引力的作用而不消耗能量(只是调整角度而消耗能量)就减小了一次冲击。

5.1.3　特例——直接进入地面

让这预定轨道不断收缩,就可直接进入地面。

如果把着地点选在海上,那只要把预定椭圆轨道的近地点选在临近海面的某点处,但在近地点 p 处的那次冲击不是使其进入预定轨道而是准备落入海面。这时要经过大气层,除了逆向冲击外还可利用降落伞等,然后落在海上。这时能量的消耗仅是减速部分的逆向冲击和调整角度时的能量消耗。如果航天器是有翼的,那么也可像航天飞机那样在陆上着落。

显见以上讨论对探测月球、火星等也有作用。当然月球上没有大气层,只有逆向冲击才能实现软着陆。

以上讨论是对合适的角度情况而言的。如果角度不合适,那么调整角度到合适范围内,显然又可像上述那样考虑整体优化。当然角度的改变也要消耗能量,所以这时对 $f_i(i=1,2,\cdots,n)$ 而言,计算消耗时要一并计算。但 f_0 则由 (r_0,v_Q,α_P) 确定计算。

5.1.4　探测月球中的应用

5.1.4.1　飞向月球探测中的应用

按照参考文献[15]中理论,那么从能量较省的角度(并考虑到时间),我们应如下操作:

1)选好发射窗口。

2)在地球的引力场内发射一更大范围整体优化的大椭圆轨道,其远地点要在月球引力场内。

3)利用月球引力按上述理论进入绕月轨道。

4)若要登月则要逆向冲击来实现软着陆。

那么何谓更大范围整体优化的大椭圆轨道?我们以这次嫦娥 2 号的发射情况来说明这个概念。嫦娥 2 号的轨道比嫦娥 1 号的轨道进步了,那么能不能再进步?我们来探讨一下,仅供参考(见图 5-2)。

图 5-2　嫦娥 2 号轨道示意图

因为月球相对于地球的影响球的平均半径为 6.61×10^5 km,而地月平均距离约为 384 000 km,地球平均半径 $R_0 \doteq 6\ 371$ km,所以按照我们的理论:

（1）要多选几条大椭圆轨道

例如

$$r_P = 150 \text{ km} + R_0, r_A = 315\,000 \text{ km}$$
$$r_P = 150 \text{ km} + R_0, r_A = 320\,000 \text{ km}$$
$$r_P = 200 \text{ km} + R_0, r_A = 315\,000 \text{ km}$$
$$r_P = 200 \text{ km} + R_0, r_A = 320\,000 \text{ km}$$
$$\cdots$$

可能是 r_P 小点 r_A 大点好,但到底如何,则要由计算来确定。

（2）对每条大椭圆轨道而言,按参考文献[15]中理论此时最佳发射轨道都很容易确定,从而确定候选轨道

例如对 $r_P = 200 \text{ km} + R_0, r_A = 320\,000 \text{ km}$ 这条大椭圆轨道。

如果最佳关机点 $r_o^* = r_P$,那就在近地点处直接进入。这条轨道就是候选轨道了。其他点进入都不好。

如果是三段式发射好,例如 $r_o^* = 180 \text{ km}$,那就用 $r_o^* = 180 \text{ km}, r_A = 320\,000 \text{ km}$ 这条代替 $r_P = 200 \text{ km} + R_0, r_A \dot{=} 320\,000 \text{ km}$ 这条大椭圆轨道。此时就在 $r_o^* = 180 \text{ km}$ 处直接进入,这种情况碰到较多。

如果 $r_P < r_o^* < r_P + \delta$,那么通过双内切轨道进入 $r_P = 200 \text{ km} + R_0, r_A = 320\,000 \text{ km}$ 这个大椭圆轨道,并且仍用这条大椭圆轨道作为候选轨道（这里 δ 是一适当正常数）。这样时间多了一点,但能量省了点。这种情况,理论上应该指出,但实际上类似这种模型我们仿真中至今还未碰到过这种情况。

这样对每条大椭圆轨道而言,我们都可用上述办法确定一条候选轨道。所以可能实际上的候选轨道往往都是近地点直接进入的大椭圆轨道。

（3）确定更大范围内整体优化的大椭圆轨道

对每条候选轨道而言,其远地点要落在月球引力球内,且其位置和速度方向要符合要求（返回时也如此类似）,对应一个 v_Q,调整到合适角度后（若不调整它将沿原轨道飞行）这又决定了一个返回过程的极小值。从而我们就可得到这个从地面起飞到绕月飞行（或登月）这个全过程的能量消耗 F_1。

再换一条候选轨道,又可得 F_2。

如果我们选 k 条候选轨道,那么从 $\min F_i (i = 1, 2, \cdots, k)$ 中就可得到这个更大范围内整体优化的大椭圆轨道。

有了这条更大范围内整体优化的大椭圆轨道后,它在远地点处已进入月球引力球内,且其位置和速度方向又符合要求,然后就像前述那样进入绕月轨道。那里可能充分利用了月球的引力作用,理论上它既省能量又省时间,当然对控制（例如角度的控制等）的要求要高。

5.1.4.2 从月球返回地球中的应用

1)我们假设原在绕月轨道上飞行着的航天器返回地球(若从月面起飞返回地球显见可类似解决)。

2)选好发射窗口。

3)然后加冲击使其沿更大范围内相对于月球的整体优化的大椭圆轨道飞行,而这大椭圆轨道的 r_A 在地球引力球中(但在月球引力球之外)。

4)然后再按前述理论进入绕地飞行的预定轨道或直接进入。

以上就是不考虑实际情况时,即理想情况时的探月及返回的初步方案,但在考虑实际情况时,思路是类似的。但多了一次优化计算及调整基本参数等。

5.2 关于太阳系中的优化飞行(2)

5.2.1 关于探测月球的轨道的初步探讨

嫦娥二号已经完成任务了(见图 5-2),我们在文献[28]中对它的轨道进行了初步探讨。

探测月球,来回时间不长。按现在的科技水平大概 7 天左右。所以我们把能量优化放在首位,把时间优化放在第二位。

按照这样考虑,我们在 5.1 节中提出了一个飞向月球探测的轨道方案,即

1)选好发射窗口;

2)在地球引力场内发射一更大范围整体优化的大椭圆轨道,其远地点要在月球引力场内,且其位置和速度方向等要符合要求;

3)利用月球引力按 5.1 节中理论进入绕月轨道;

4)若要登月则要用逆向冲击来实现软着陆。

当然,5.1 节中也提出了一个从月球返回地球的轨道的方案,即

1)假定是从绕月轨道上飞行的航天器返回地球(若从月面起飞返回地球显然可类似探讨);

2)选好发射窗口;

3)然后加冲击使其沿更大范围内相对于月球的整体优化的大椭圆轨道飞行,而这大椭圆轨道的 r_A 是在月球引力场之外的地球引力场中,且其位置和速度方向等要符合要求;

4)然后再按 5.1 节中理论进入绕地飞行的预定轨道或直接进入地球上的某区域。

这两个方案的立足点如下：

第 1 是参考文献[15]中关于绕地飞行的航天器最佳发射轨道的理论；

第 2 是参考文献[15]中所述的返回中的优化理论，那里充分利用了星体自身的引力作用。

另外，则是在飞行过程中要充分利用太阳能。发射时要充分利用地球的自转及月球绕地球的旋转，返地时则类似考虑。

5.2.2 关于探测火星（或金星）的轨道的初步探讨

探测火星，按现有的科技水平，若要省能量，那么按图 5-3 所示的霍曼转移飞行，因为行星际轨道最省能量的转移是霍曼转移，但时间太长了。特别是对载人飞行而言，时间越长，带的东西越多，消耗的能量当然会越大。但是载货飞行那就可考虑。

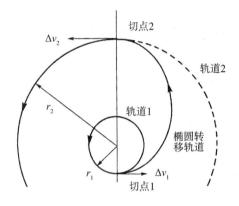

图 5-3 霍曼转移示意图

所以在火星探测的轨道初步探讨中，我们的优化指标是把时间的节省放在首位，其次才考虑能量的节省。

按这个思路，我们提出如下的初步方案（参见图 5-4）。至于整体优化方案，我们在后面叙述。

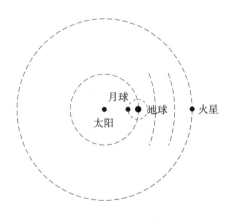

图 5-4 用双曲轨道发射示意图

1)选好发射窗口；

2)在地球附近发射最佳双曲轨道(要充分利用地球绕太阳转的速度)；

3)航天器飞过地球引力场后,落在太阳引力场为主的范围,此时要加速使轨道成为太阳引力场内的双曲轨道(但角度要控制好)。如果能量不允许,那只能是抛物轨道或椭圆轨道；

4)进入火星引力场后,若能量紧张,则按文献[15]中返回的优化理论进入绕火星飞行的预定轨道或在火星上某一指定区域登陆；若能量不紧张,则可再加速,然后按文献[15]中返回的优化理论进入预定轨道或登陆。

另外,从地球飞至火星(或金星),中间没有其他行星,所以行星的"引力作用"效应难利用。但能否借用一下地球的卫星——月球及火星的卫星等的引力作用,以及充分利用太阳能和地球的自转及地、火绕太阳的公转,这些也是可以考虑的。

显然,对金星的探测,其轨道可类似讨论。而从火星返回地球时,其轨道显然也可进行类似讨论。

5.2.3　关于探测太阳系中其他行星的轨道的初步探讨

探测太阳系中的其他行星,当然可用像以前已说过的霍曼过渡,但时间更长了。

若把时间放在首位,能量放在第二,那么 5.2.2 节中所述的轨道也可考虑。

但是现在工程中已经应用的是充分利用引力效应,即甩摆技术。

最早进行甩摆航行的是 1973 年 11 月 3 日美国发射的水手 10 号探测器(见图 5-5)。火箭将该探测器加速送入绕地轨道,然后再加速至 11.4 km/s 向金星方向航行。1974 年 2 月 5 日,探测器在距金星表面 5 800 km 高度掠过。在金星引力场作用下,探测器只需短暂加速,航行轨道转移 34°,进入另一条轨道。该轨道与水星轨道在远日点相切,并在这一点与水星相遇,在距水星背面 750 km 处掠过,而后在水星引力场作用下又转移到另一条绕太阳运行的椭圆轨道。

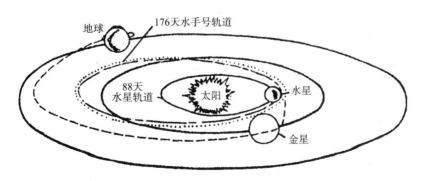

图 5-5　水手 10 号甩摆航行示意图

这是在行星探测中人类第一次利用甩摆技术改变探测器的轨道。水手 10 号若只依靠其火箭本身的能力还不能到达水星,但像前述那样,选择适当的发射时间,精心设计航行轨道以利用金星的引力,就可使原有的火箭送探测器到水星。

1977 年,美国的旅行者 1 号进行了一次大甩摆飞行(详见图 5-6),这样甩摆技术就很受世人关注了。

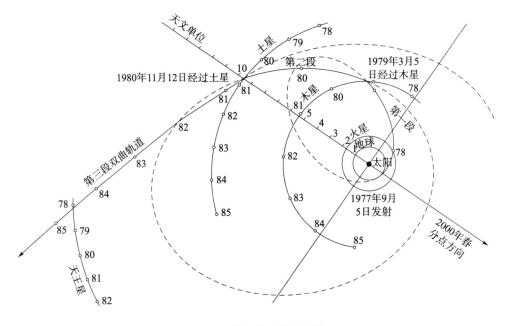

图 5-6　旅行者 1 号航行图

注:旅行者 1 号的组合轨道。美国 1977 年 9 月 5 日发射的旅行者 1 号利用木星和土星的引力助推效应加速到第三宇宙速度。1978 年掠过火星,1979 年 3 月 5 日经过木星,这是第一段。经木星引力推后,于 1980 年 11 月 12 日到达土星附近,这是第二段。经土星引力助推后进入太阳系的双曲轨道(第三段),飞出太阳系

但是:

1)最初的绕地轨道的发射有个优化问题,文献[15]中已完全解决;

2)如果要在其他星体上登陆或进入绕其他星体指定的轨道,这又有一个优化问题,参考文献[15]中也已完全解决;

3)充分利用太阳能及月球或其他星体的卫星的引力作用也可考虑。

如果这些都考虑了,效果显然会更好。

再则,5.2.2 节中的方法,若能量足够,那么时间上会不会比甩摆技术更优?这完全可以通过计算来做比较。

至于从其他星体返回地球,其轨道显然可类似考虑。

5.3　关于太阳系中的优化飞行(3)

5.3.1　关于仿真 1

仿真 1(参考文献[29]中 p50～60)是国防科大黄圳珪教授等做的,它对静止轨道卫星的某一转移轨道而言,用参考文献[29]中的理论解决了此时的整体最佳发射轨道问题。它指出:如果目标轨道是一圆周轨道,那么损耗确只跟 r_0 有关。如果目标轨道是一般的椭圆轨道,例如仿真 1 中的那个静止轨道卫星的转移轨道,那么损耗不仅跟 r_0 有关,还跟这 r_0 处的 V_0 有关,V_0 越大损耗越小。另外,由此 V_0 引起的损耗还随着 r_0 的增加而减小变化。

所以,在 $r_0 < r_P$ 处,参考文献[29]中的结论是优上加优,更加成立。而在 $r_0 \geqslant r_P$ 时,损耗就只跟 r_0 有关了,所以参考文献[29]中有关结论当然成立。

所以参考文献[29]中有关绕地飞行的航天器其最佳发射轨道的理论在仿真 1 中全部成立,并且把原来方法跟参考文献[29]中的方法进行比较,计算后指出实际效果非常明显。

所以仿真 1 的结论是:参考文献[29]中的理论是可信的,而且实际效果很明显。

5.3.2　关于仿真 2

仿真 2(参考文献[30]p106～109)是国防科技大学贾沛然教授等做的,它是对某一型号的洲际导弹当其载荷减少时,如何重新安排火箭各级的推进剂量,既要达到原来的射程,又要使推进剂总量为最省。

根据参考文献[30]的理论提出的最省推进剂方案在仿真 2 中自然地得到了应用,而且效益明显。

可以注意的是其他方案推进剂总量大,而最省推进剂方案所需的推进剂总量就小,那么会不会用最省推进剂方案发射时其关机点 r_0 达不到这个要求的 $\bar{r}_0$?

仿真 2 指出:不会出现这种情况。

从理论上分析也是如此,因为总量小了,所以推力就可小点,所以飞行时间也会变长,r_0 也会增大至 $\bar{r}_0$,而损耗则基本上是一样了。

这样参考文献[30]的理论又被一个实例说明它成立,而且跟其他方案相比其效益非常明显。

此外,请注意仿真 2 还可继续深入,但显见参考文献[30]中的结论及应用的效益是改变不了的,只是在继续深入时多了约束而已。

5.3.3 多级火箭的结构参数优化与绕地飞行航天器最佳发射轨道的关系

参考文献[30]($《$多级火箭的结构参数优化理论$》$)与参考文献[29]是有密切关系的,这在参考文献[5]中早就指出了。

参考文献[29]中定下整体最佳发射后,也就给出了一组给定的参数(r_0^*, V_0^*, α^*)。对于这组给定的参数,我们用参考文献[30]中的最省推进剂方案(或最省的最省推进剂方案)进行发射,至于r_0的处理完全可跟上节一样处理。

这样参考文献[29]与参考文献[30]的关系就完美地联系起来了,从而航天器从地面最佳发射到最佳入轨处最佳入轨这个问题也就完全圆满地解决了。

5.3.4 关于探月

在探月轨道中,对每条最佳发射的轨道而言,其前后两段可以作为受摄限制两体问题来处理外,其中间一段并不一定是椭圆弧段,它应由受摄限制三体问题(地,月,航天器)来解决。

详细情况,下节叙述。

如果探测火星,我们把时间最省放在第一位,能量最省放在第二位。

此外我们要指出,这探月轨道前后两段对应的两个受摄限制两体问题是有区别的,一个对应地球,一个对应月亮,但解决的方法是类似的。

5.3.5 关于直接进入

某一静止轨道卫星的转移轨道是一$r_P = 500 \text{ km} + R_0$,$r_A = 30\,000 \text{ km} + R_0$的大椭圆轨道(参见仿真1)。

我们找到$r_0^* \leqslant r_P$(r_0^*表示整体最佳发射的r_0),然后从r_0^*直接发射,成一$r_P = r_0^*$,$r_A = 30\,000 \text{ km} + R_0$的大椭圆轨道。这是直接发射成整体最佳的一种情况。

在寻找探测月球的整体最佳轨道时,我们又类似地碰到了这类问题。

对于每条大椭圆轨道而言,都有一个最佳发射问题,然后我们找到了对应的最佳$r_{0_1}^*$,然后按$r_{0_1}^*$直接发射。

我们按上述情况重复n次(详见参考文献[28,31]有关部分所述),基本上就能求出整体最佳大椭圆轨道。这样的整体最佳大椭圆轨道也是从$r_{0_k}^*$处直接发射的,其中k为1至n中的某个数。

当然,如果目标轨道是一个给定的不能变的轨道(这种情况常常出现),那么我们只能按参考文献[29]中的办法来求出其整体最佳发射轨道。当然那时也有可能出现 $r_0^* = r_P$ 的情况,但大多数的计算告诉我们:常常出现的是 $r_0^* < r_P$ 的情况。

5.3.6 关于探测火星

在探测火星时(特别是载人的情况)我们是把时间放在第一位的,这以前已多次指出了。为此我们选择双曲轨道。

从地面起飞的一条最佳发射双曲轨道,飞到一定距离后(即脱离地球为主的引力场后),我们进行加速及调整角度,使它在太阳为主的引力场中作双曲惯性飞行(当作受摄限制二体问题处理)奔向火星。进入火星为主的引力场后,又可由参考文献[28,31]中所述的方法来处理,使它以双曲轨道进入绕火星卫星轨道或登陆火星某地。

但实际上,这时的整条轨道其前后两段应作为两个不同的受摄限制 3 体问题来处理的,前一个是太阳、地球(包括月球)、航天器,后一个是太阳、火星、航天器;而中间的那段应当作受摄限制二体问题来处理,详情见下节。

这样的轨道(它实际由几段双曲弧段拼起来)跟参考文献[28,31]中探月部分类似,在工作量允许的基础上,尽量多选几条,从而基本上就能选出时间最省的轨道来。当然中间若有需要可以作轨道的修正。

探测金星可类似进行。

至于利用引力效应探测太阳系中的其他行星,参考文献[31]中已有叙述,那里甚至考虑如何利用月球(等卫星)的引力效应了。

5.4 关于太阳系中的优化飞行(4)

现在我们来对太阳系中的优化飞行作初步小结。

5.4.1 探测月球中的优化飞行

选好发射窗口,这是第一位的。探测月球如此,探测火星及太阳系中其他星体时也如此。这一点以后不再重复了。

另外,探测月球因为来回时间不长,所以我们指标第一是能量省,第二才是时间短。当然也可综合考虑。

5.4.1.1   选好基本轨道

1)我们知道,从地面发射一椭圆轨道时,其近地点不能太低。太低了不但速度损耗大,而且有可能烧毁等,所以我们不妨选择 200 km 高度。现在我们要这个椭圆轨道的远地点距月球约 6 万千米。

对这个椭圆轨道由参考文献[29]中理论进行最佳发射,其最佳的 r_0 即 r_0^* 可能是 $r_0^* = 180$ km 等,并由远地点进入。当然也可能是 $r_0^* = 200$ km。不管如何,我们应由 r_0^* 处作为近点距来发射这个轨道。

然后在远地点由参考文献[29]中类似的返回中的优化理论进行角度控制,或略加加速使之惯性飞行后进入绕月轨道(或在月球上降落等)。

这样得到的轨道我们称之为基本轨道。

然后我们仍在近点距 200 km,但远点距月 6.5 万千米处重复进行上述工作,可得第二条基本轨道。

然后我们仍在近点距 200 km,但远点距月 7 万千米处重复进行上述工作,可得第三条基本轨道。

如此等等,我们可得 n 条基本轨道,但一般 $n=3$ 就行了。

2)然后我们在近地距 250 km 及 300 km 处重复进行上述工作。

这样我们一共就可得 $3n$ 条基本轨道。

5.4.1.2   在受摄限制三体问题中确定这 $3n$ 条基本轨道中的基本整体最佳飞行轨道

这 $3n$ 条基本轨道的每条都是由两段子弧拼成的,它们各对应一个受摄限制二体问题。但是我们的航天器是在地、月系统中飞行,它对应的是一个受摄限制三体问题。

对每条基本轨道的任一条,我们都用受摄限制三体问题来处理,显见此轨道的前后两部分变化不大,因为那时它们的受力体主要是地球和月球。但中间那部分就不一样了,除了地、月影响外,还要考虑太阳等的摄动,所以飞行在中间这段子弧时会发生高高低低,左左右右,也不一定在一个平面上,等等。但从阿波罗飞船的飞行轨道分析可知:其总的趋向基本不变,但远地点可能会有些偏离(包括位置、速度方向等)。如果偏离至不在月球引力球内了,则要它回落在月球引力圈内。这些可用调剂基本轨道的基本参数来完成,包括远地点的位置和速度方向等要符合要求。(当然也有可能远地点没有什么偏离或偏离可忽略,那情况当然更好。)然后我们在这新的参数所确定的椭圆上再次优化,最后其远地点当然落在月球引力球内,且位置和速度方向也基本符合要求。然后再运用类似参考参考文献[28]中返回中的优化理论就可算出在受摄限制三体问题的情况下,(另外若在飞行中,包括在远地点处需作一些必要的修正,那也是必要的。)对应这段新的基本轨道飞行所需的能量,记为 $f_i(i=1,2,\cdots,n)$。若 $\min f_i(i=1,$

$2,\cdots,n)=f_k$,那么这第 k 条新的基本轨道基本上就对应我们要求的整体最佳飞行轨道。它与理想状况下所确定的可能不一样,也可能差别不大。

上面的基本上整体最佳飞行轨道,是在上述的 $3n$ 条新的基本轨道上确定的,其实在确定时也能看出第 1,2 段子弧它们各自点的取法怎样才能更好的一种趋势。如果在好的趋势上再选择一些点构成一些新的基本轨道,再重复上述的计算,可能会得到更好的最佳飞行轨道。当然计算工作量是增大了。这就是为什么我们把上述计算确定的最佳飞行轨道称为基本上的整体最佳飞行轨道。

另外,我们在计算上述的 f_i 时,实际上也可把对应的飞行时间 t_i 计算出来了。有了 f_i 和 $t_i(i=1,2,\cdots,n)$,我们就可综合考虑能量和时间的希望搭配。但一般来说探测月球来回时间都不长,所以我们常常把能量放在第一位,把时间放在第二位。

现在我们把上述计算与阿波罗登月飞行来做一比较。阿波罗登月飞行的轨道也是由两个受摄限制二体问题的子弧组成,但前后两个子弧都没有考虑优化问题。在受摄限制三体问题中实际飞行时更没有考虑整体优化。可是从工程上讲,它获得了巨大的成功,人类第一次登上月球。但从优化的角度看,它是多花了能量的。

当然在探月时要充分利用太阳能及地球的自转和月球绕地球的旋转。

至于返回地球问题,可类似处理。

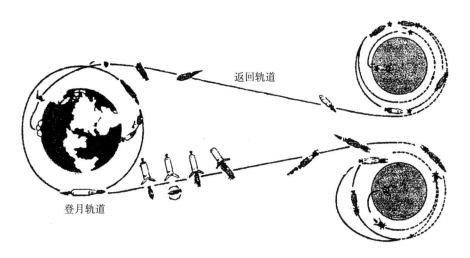

图 5-7　"阿波罗"载人登月与返回飞行过程示意图

5.4.2　探测火星中的优化飞行

探测火星的飞行中,我们首先考虑的是时间快,其次是能量省,当然也可综合考虑。

5.4.2.1 确定基本轨道

第一条基本轨道的第一子弧也是在 $r_{1i}^*(i=1,2,3)$ 处取一个例如 $r_{11}^*(r_{11}^*<r_{12}^*<r_{13}^*$，它们分别由 $r_0=200\ \text{km}, r_0=250\ \text{km}, r_0=300\ \text{km}$ 产生而来，其具体含义前已叙述，不再重复)作为近地点，类似参考文献[28]中探讨显然可得最佳发射的双曲轨道。这样既省时间，又省能量。

到了太阳引力为主时，例如相对地球的 $\bar{r}$ 处，那么我们进行加速及控制角度等使它成为太阳引力场中的一条双曲线的一部分，所以第二子弧是以太阳为中心的一条双曲轨道的一部分。这里也有一个最佳双曲轨道发射问题。

进入火星引力球后，先取一个 r_{21}（距火星中心的距离），其位置和速度方向要符合要求。控制角度和速度（若需加速则就加速），然后由类似参考文献[28]中返回中的优化理论，以双曲子弧进入绕火卫星轨道或在火星上降落。如果在 r_{21} 处对应的速度不能以双曲子弧进入，则应加速使其达到双曲子弧进入。

这样三段受摄限制二体问题的子弧就组成了这个问题中的第一条基本轨道。

r_{11}^*、$\bar{r}$、r_{21} 三处的控制速度和角度很重要。它们将确定各子弧的形状及位置、大小和要使时间尽量小的走向。探月时也类似。所以发射窗口是第一位。当然必要时可在中途进行加速及控制角度。下面也如此，不再重复。

然后再取 r_{22}，更靠近火星一些（从火星上看即 $r_{21}>r_{22}$），其他不变，又可得第二条基本轨道。

然后再取 r_{23}，更靠近火星一些（从火星上看即 $r_{21}>r_{22}>r_{23}$），其他不变，又可得第三条基本轨道。

然后取 r_{12}^* 作为近地点发射最佳双曲轨道，其他如上所述，我们又可得三条基本轨道。

然后取 r_{13}^* 作为近地点发射最佳双曲轨道，其他如上所述，我们又可得三条基本轨道。

跟 5.4.1 节中一样，这时我们也是得到 9 条基本轨道。

5.4.2.2 基本整体优化飞行轨道的确定

对上述的每一条基本轨道，如果我们用前后 2 个受摄限制 3 体问题中间一个受摄限制 2 体问题模型来进行计算，显见，此轨道又会产生高高低低，左左右右，甚至不在一个平面上等，但总的趋势基本不变。当然此时 $\bar{r}$ 及 $r_{2i}(i=1,2,3)$ 有可能产生偏离，也有可能基本上没有偏离。不管如何，都可按 5.4.1 节中办法处理就行了。请注意：偏离的修正是从后面的子弧开始的。例如 r_{21} 处产生了偏离，那么靠调整 $\bar{r}$ 处的基本参数来解决，而 $\bar{r}$ 处的基本参数要符合要求，则靠 r_{11}^* 处的基本参数要符合要求来解决。这与探月是类似的。另外。若在飞行中要作一些必要的修正，那也是必要的。

由此可得其对应的 t_i 及对应的 f_i，然后取 $\min t_i(i=1,2,3,\cdots,n)=t_k$，那么由 t_k 对应的那条轨道就是我们所求的基本整体最佳飞行轨道。

当然我们也可以综合考虑 t_i 及 f_i ,而决定综合指标下的基本整体最佳飞行轨道。

另外,请注意:如果我们像 5.4.1 节中那样多取几个趋势好的点,那就有可能得到更好的基本整体最佳飞行的轨道。

当然在探测火星等时充分利用太阳能及地球的自转和地、火等绕太阳的公转也应考虑。

至于返回地球问题,可类似处理。

如果我们在 $\bar{r}$ 处也取 2 值,例如 $\bar{r}_2 < \bar{r}_1 = \bar{r} < \bar{r}_3$,那么基本轨道总数就变成 27,工作量大了,但计算结果可能会更好。至于 $\bar{r}_i$ 及 r_{2i} 处等的偏离要求及改进办法前已叙述,不再重复。

上述从地球飞向火星的方法显见可类似用在由地球飞向金星(情况更好,因为顺向)及太阳系中的其他行星,甚至包括太阳。但在由地球飞向太阳系中的其他行星或太阳时,中间有其他行星等的轨道。若利用这中间星体的引力效应,那就会飞得更快、更省能量。

5.4.3　甩摆中的优化及小推力优化飞行中的子弧拼接

各种甩摆技术(见图 5-5 和图 5-6),起码在始、终两段,是可以利用参考文献[28]中理论进行优化处理的,从而达到更好的效果。至于中间部分,则具体问题具体分析。

至于我们的方法与甩摆技术的关系,以及小推力飞行在探测其他星体上的应用等引论中已指出,故这里就不再重复。

另外显见小推力飞行的最佳子弧拼接问题,我们也可类拟大推力情况来作。

首先是在地球引力场中,从椭圆轨道的近地点开始作切向小推力飞行轨道(如果是圆轨道,那么哪一点开始作切向飞行都行),达到逃逸速度后不但要调整方向,而且要继续加速使其达到很大速度,以至即使在地球引力场中作惯性飞行至太阳引力场时也能达到太阳系中我们要求的双曲飞行速度。如果没有惯性段,那就把惯性段看作 0。

其次是在太阳系中以双曲轨道作惯性飞行,这条双曲轨道也有一个优化设计问题。这惯性飞行的起点处其位置、速度的大小方向都要准确地达到要求,从而使惯性飞行的终点处是在探测星体,例如火星的引力球内,其位置、速度大小、方向(若需要的话)作适当修正后都要符合要求。

然后就在火星引力球内作前述的优化飞行。

类似大推力轨道情况,显见这里也有这个太阳系中的双曲轨道其始点和终点多选择几个的问题,以便确定整体最佳飞行等。

从上可见,小推力飞行在星体的探测上其精确计算也分三段:一是地球引力场中的小推力飞行,二是一个受摄限制 2 体问题,三是一个受摄限制 3 体问题。精确计算后也可能产生偏离问题,又可像前面那样处理。但小推力飞行的 r_{11} 处速度大小和方向是靠小推力加速时间的长短,并在这时间内调整方向来完成的,所以各项要求更严。

当然,不管是大推力、小推力,中间多加几次修正轨道总是好的。

以上是对共面情况的讨论,下面要讨论不共面的情况。

5.4.4 不共面情况的讨论

对于不共面情况,例如在探月时产生了:绕地飞行的最佳发射轨道(轨道Ⅰ,对应轨道平面1)与绕月飞行的轨道(轨道Ⅱ,对应轨道平面2)不共面。对一个给定的发射窗口,那么由第2章理论设计的最佳发射轨道,即轨道Ⅰ的远地点 r_A 要处在这两个平面的交线的某点 A_1 (其实是一个小范围)上,然后由平面1切向转入平面2,再在平面2上按第3章的优化理论进入绕月轨道。

但是不同的发射窗口,对应的总能量可能会不一样,所以这也有一个优化问题。特别是探月,因为发射窗口较多,应该考虑这个问题。但探测火星等行星时,因为发射窗口难得,错过一次又要等好长时间,所以就不一定考虑这个优化了。

当然地面起飞的最佳飞行轨道的发射时间要由发射窗口定下后再决定,而且计算要准,否则就会错过这个发射机会。优化设计轨道Ⅰ时也如此。先定下 A_1 点,然后再优化设计轨道Ⅰ的远地点 r_A 要达到 A_1 处并在 A_1 处切向转入平面2。至于轨道Ⅰ怎么优化设计,前面已详述过。这里由于 A_1 仅一处,所以计算工作量相对还小了点。

那么为什么要多取几个点呢?因为理论上需要。例如,对绕地飞行的目标椭圆轨道进行最佳发射时,给定一个 r_0 有一个确定的最佳发射轨道,但不同 r_0 处的其最佳发射能量的差异是靠数值计算来比较的,我们没有证明 r_0 一定是越低越好(虽然我们算过的个别例子确是如此)。正因为如此,所以我们希望通过更多点的计算来寻找更好的基本整体最佳飞行轨道,对共面情况的月球引力球半径附近先后取几点等情况,也是出于上述考虑。

大、小推力火箭探测火星等情况时,显见情况类似,故可类似处理。

另外要注意:返回中的一个优化问题的解决是对返回地球而言的,如果探月或探测火星等,这方法可用,结果也类似但有关数据不一样。在探测火星等的最佳双曲发射轨道的确定也是如此。书中提供一种确定最佳发射椭圆轨道的方法。用这方法也可确定最佳双曲(包括抛物)发射轨道。结果也类似。至于有摄限制3(2)体问题等,书中仅把有关的问题化成有关的受摄限制3(2)体问题,因为它们的数值计算人们早已解决。所以我们提供的在太阳系中优化飞行的新方法,从理论上讲它是可以的,但真正用上,有关的同志是作出贡献的。这也就是为什么本书名叫《关于太阳系中大星体间优化飞行的初步理论探讨》。

参 考 文 献

[1]　钱学森.星际航行概论[M].北京:科学出版社,1962.

[2]　竺苗龙.多级火箭的优化理论[M].北京:宇航出版社,1988.

[3]　Zhu Miaolong. Some Theoretical Problems of the Spaceflight Mechanics[M]. New York:Science Press (Beijing),1994.

[4]　竺苗龙.最佳轨道引论[M].北京:宇航出版社,1990.

[5]　竺苗龙.航天力学中的一些理论问题(2)[M].北京:科学出版社,2000.

[6]　科尼利斯 J W,斯科耶尔 H F R,韦克 K F.火箭推进与航天动力学[M].杨炳蔚,冯振兴,译.北京:宇航出版社,1986.

[7]　贾沛然,等.远程火箭弹道学[M].长沙:国防科技大学出版社,1993.

[8]　雪君,承志,致文.关于最佳轨道引论(7)[J].青岛大学学报:工程技术版,1997,10(3):19 - 22.

[9]　致文,承志,雪君.关于最佳轨道引论(8)[J].青岛大学学报:工程技术版,1998,13(1):71 - 76.

[10]　承志,致文,雪君.关于最佳轨道引论(10)[J].青岛大学学报:工程技术版,1998,13(4):67 - 70.

[11]　致文,承志,雪君.关于最佳轨道引论(11)[J].青岛大学学报:工程技术版,1999,14(3):70 - 71.

[12]　雪君,致文,为民.关于最佳轨道引论(12)[J].青岛大学学报:工程技术版,2000,15(3):69 - 72.

[13]　竺雪君,竺致文.卫星在两个椭圆轨道间的单冲击过渡[J].天津大学学报,2001,34(4):539 - 543.

[14]　竺苗龙.关于最佳轨道引论(25)[J].青岛大学学报:自然科学版,2008,21(2):1 - 6.

[15]　竺苗龙.关于航天器最佳发射轨道的理论及其他问题的研究[M].北京:中国宇航出版社,2004.

[16]　竺苗龙,郭雷,严星刚,刘华富.关于最佳轨道引论(1)[J].青岛大学学报:自然科学版,1992,2.

[17]　竺苗龙,严星刚,刘华富,郭雷.关于最佳轨道引论(2)[J].青岛大学学报:自然科学版,1992,3 - 4.

[18]　竺苗龙,刘华富,郭雷,严星刚.关于最佳轨道引论(3)[J].青岛大学学报:自然科学版,1992,3 - 4.

[19]　竺苗龙.关于最佳轨道引论(24)[J].青岛大学学报:自然科学版,2007,3.

[20]　竺苗龙.关于最佳轨道引论(23)[J].青岛大学学报:自然科学版,2007,1.

[21]　竺苗龙.关于最佳轨道引论(22)[J].青岛大学学报:自然科学版,2006,4.

[22]　H S Tsien. ARSJ[J].1953,23:233.

[23]　H Lass, J Loyell. ARSJ[J].1961,31:24.

[24]　D J Benny. ARSJ[J].1958,28:167.

[25]　C-H Zee. A A[J].1963,9:201.

[26]　吕茂烈,竺苗龙.关于发射人造地球卫星的最佳轨道[J].力学学报,1978(4):320 - 325.

[27]　吕茂烈,竺苗龙.关于发射人造地球卫星的最佳轨道(Ⅱ)[J].西北大学学报:自然科学版,1979(1):1 - 11.

[28]　竺苗龙.关于最佳轨道引论(27)[J].青岛大学学报:自然科学版,2011,24(1):1 - 4.

[29]　竺苗龙,竺致文,竺雪君.绕地飞行航天器最佳发射理论及其他问题的研究[M].北京:中国宇航出版社,2011.

[30]　竺苗龙,竺雪君,竺致文.多级火箭的结构参数优化理论[M].北京:中国宇航出版社,2011.

[31]　竺苗龙.关于最佳轨道引论(28)[J].青岛大学学报(自然科学版),2012,25(1):1—4.

附录Ⅰ 关于太阳系中的优化飞行(5)

1 关于探月时机

探测月球,显见发射比返回费劲,但还可深入一些,从力学角度看这是一个有摄限制三体问题。主要的摄动是太阳的引力、其他星体及光压等引起的摄动是小量,有的如气动阻力等发射时损耗变化不大,不妨不计。在此基础上,设问题为载人的从地球一条停泊轨道上飞至月球附近的一个停泊轨道上。至于从地面如何发射最优的发射轨道及在月球的停泊轨道上如何降至月球表面等这一套东西人们都很熟悉,故从略。

假定地球绕日转至图 1 位置,然后作直线 L(其实是面),把此时月球绕地转的那个圆分成地球绕日转的圆圈的圈内和圈外两半,从图 1 可知,当月球转至 A_2 点或其附近内半圈时,这时从地球上向月球朝 A_3 方向发射飞船好,经飞行后真正降落在 A_3 点等处。同理,当月球转至 A_1 点或其附近的外半圈时,这时从月球上向地球朝 B_1 方向返回好,经飞行后落地可能是在 B_1 点等处。所以从力学角度看,从发射时机好时发射,经过飞行及探测时间到了返回时机好的时候返回,这样就可省能量,这实际上是充分利用了太阳的引力。

2 关于探测火星等时机

从地球出发,向外圈行星例如火星等发射时费劲,向内圈行星例如金星等发射时省劲。但从外圈行星向地球返回时则省劲,而内圈行星向地球返回时则费劲。

不管是向外圈行星发射,或是向内圈行星发射,因为首要指标是第一省时间,第二才是省能量。现在提出向火星发射的第二方案即发射时要同侧,而且飞行距离越近越好。这就对推力及速度的要求等更大,至于推力及速度等的提高以后会讨论。

如果异侧,例如利用太阳引力的霍曼过渡基础上搞优化,这前面已讲了。那么这两个方案到底哪个好,这要由仿真计算来定。

这时月球的相对位置要利于发射,像图 2 所示。月球虽不像[1]中提涉甩摆中的中间星体,但对发射时机的选择而言,它的引力作用也是应考虑的。前面我们已定义了月球绕地球转

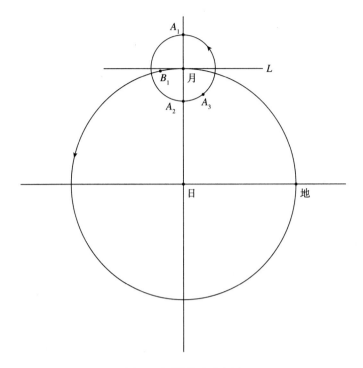

图 1   探测月球示意图

动时的圈内和圈外。从图 2 可见,当向外圈行星发射时,月球在圈外好;向内圈行星发射时,月球在圈内好。这些都是充分利用了月球的引力。详细情况以后还会讨论。

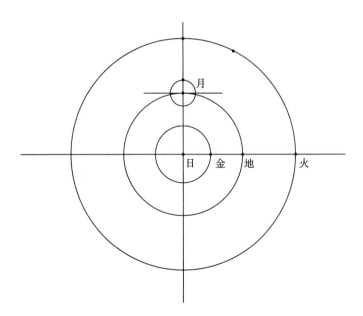

图 2   探测火星等示意图

返回时,不管是从外行星还是从内行星向地球返回,此时的月球引力如果刚好可利用,那么如何利用,以后会谈到。另外行星的卫星(若有的话,例如火星等就有卫星)的引力作用利用也是可考虑的。

3 关于运载工具

(1)推力要加大

例如载人登月,载荷会很大,推力也就要大。阿波罗飞船就是大推力火箭推的。若载人去火星等行星,载荷就会更大,这就要求推力也要更大。

(2)速度要提高

现在火箭能达到的速度对载人绕地飞行(例如空间站等)及登月等是满足要求了,但若是能接近第三宇宙速度(16.63 km/s),那么显见从速度这个要求上来看在太阳系中作任何的优化载人飞行就没有什么困难了。而且这个速度也是可以达到的。

通过增加各级的质量,提高各级推进剂的质量,增加主火箭的级数及增加捆绑火箭的个数,显见就能提高速度及推力。

(3)关于重复使用

现在使用的化学火箭,基本上都是一次性的。这实在是个很大的浪费,特别是一些珍贵的设备,像发动机等。于是人们在过去研制出了航天飞机,甚至还想研制空天飞机等。后来发现航天飞机有维修成本太贵等问题,结果就不生产了。但是这种可重复使用的想法千万别丢,只要材料、工艺、维修技术等不断发展,那么新型的可重复使用的运载工具还是要产生的。

4 关于节能通道

霍曼过渡等对货运是很好的。

对载人飞行而言,霍曼过渡也好,节能通道也好,飞行时间是太长了。载人飞行,考虑的首要因素是时间短,其次才是能量省。深空探测中谁知会发生什么不可测事件,所以尽快回来是大家的共同要求。再则对载人飞船而言,若时间太长还有一个增大载荷问题,因为人要吃、喝等,时间一长,载荷就会大大增加,这就有可能反而不节能。

但在货运方面,节能通道和霍曼过渡等就显出优势。

不管是太阳系中行星轨道际能量最省的霍曼过渡(其实用霍曼过渡向其他行星进行发射时也可像前面那样利用月球的引力;反之若其他行星也有卫星,那么返回及着陆时也可像前述那样考虑利用这些卫星的引力。),还是太阳系中的节能通道,它们对货运是大有好处的。随着航天事业的不断发展,太阳系中的航行除载人飞行外,还有很大一部分内容是货运,所以这一部分万万不能忽视。

5　关于地球的月球港及小推力飞行

月球对人类的用处是很多很多的,这节单从航天角度来讲。

因为月球引力小、脱离速度小等,其表面又几乎没有大气,这对火箭的发射显然有利,如果我们通过节能通道等省能量的运输把有关的部件送上月球,然后在那是进行装配及发射,是不是又优化一点了?

如果再对月球进行开发,在它上面进行加工和制造等,例如利用它的核燃料装配成小推力火箭等,显见这又进了一大步了。

而小推力火箭除了加速时间长,能达到很大的速度外,它还有其他优点。例如要速度再大些,那只要它本身做得更大些,而跟级数无关。而且随着其个儿越来越大(从而质量越来越大),它的加速时间也会越来越长,从而使其速度不断增加。这就与大推力的多级火箭不同,对于大推力火箭而言,我们知道它要不断地丢级,当然包括不断地丢掉每级的发动机等珍贵部件。而再大型的单级小推力火箭,如果再利用太阳能及光压等,那么加速会更快(至于飞出太阳系后有没有类似太阳系及光压等可利用,那就要等待将来探测的结果了)。当然,回收问题要先解决好。

所以单从航天角度而言,把月球作为地球的一个太空港,对其进行利用和开发,作为出发地之一去做太阳系中的航行及利用小推力火箭都是很吸引人的。

参考文献

[1]　竺苗龙,竺雪君.关于太阳系中大星体间优化飞行的初步理论探讨[M].北京:中国宇航出版社,2015.

[2]　竺苗龙,竺雪君,竺致文.多级火箭结构参数的优化理论[M].北京:中国宇航出版社,2011.

[3]　竺苗龙,竺致文,竺雪君.绕地飞行航天器最佳发射轨道理论及其他问题的研究[M].北京:中国宇航出版社,2011.

[4]　竺苗龙.关于高速飞行和飞出太阳系个别问题的初步理论探讨[M].北京:中国宇航出版社,2011.

附录 Ⅱ　关于太阳系中的优化飞行(6)

过去我们是沿着霍曼过渡的基础上搞优化,下面我们沿着另一条路径来探索。先从近似情况讲起。

火星是太阳系中外圈离地球最近的邻居,又是唯一可能有水存在的行星。它属于类地行星,直径约为地球直径的一半。自转周期和地球差不多,每次是 24 小时 37 分。

火星与太阳平均距离为 1.52 AU(天文单位),公转周期为 687 个地球日。

以前人类发射飞行器到火星的单程要 6~10 个月,快的话也要 6~7 个月。

本文研究的问题是,在飞行时间已知的情况下,怎样设计登火及返回的窗口及路程,能够使得往返的时间更短?

火星公转一周的时间(687 天)是地球公转(365 天)的 1.88 倍时间。现在把地、火轨道都近似看作为圆轨道。

假如人类发射飞行器到火星的单程更短需要 180 天。

问题一:如何选择发射窗口,能够使得从地球发射飞行器,更短时间到达火星?

问题二:如何选择发射窗口,能够使得飞行器从火星返回,更短时间回到地球?

问题三:在火星逗留的时间如何计算?

下面来一一考虑这些问题。

对问题一,想要从地球发射飞行器,用更短时间到达火星,就不能再使用著名的霍曼转移轨道。因为它只是省能量,而不是省时间。那么想要第一指标是节省时间,就需要选择使飞行器飞行的路程正是地球与火星之间距离最短的路程,亦即地球与火星在太阳同一侧而且位于同一直线(此处是指发射时地球的位置与经过 180 天后火星到达的位置在太阳同一侧而且位于同一直线)时的路程,如图 1 中地球的位置 1 与火星的位置 2 之间的关系所示。这个路程是不能直线达到的,出于优化的考虑,必须根据参考文献[1]中所讨论的三段子弧优化组合而成,而且还要使运载工具达到要求。

类似的,对问题二,想要使得飞行器从火星返回,更短时间回到地球,也需要选择使飞行器飞行的路程正是火星与地球之间距离最短的路程,亦即同样需要地球与火星在太阳同一侧而且位于同一直线(此处是指返回时火星的位置与经过 180 天后地球到达的位置在太阳同一侧而且位于同一直线),如图 1 中火星的位置 3 与地球的位置 4 之间的关系所示。而所走的也是如参考文献[1]所言优化以后三段子弧组合而成的轨迹。运载工具的要求同上。

而问题三的答案,可从下述计算中算出。

如图1所示,由地球的位置1到达4之间的运行时间设为 x,则相应的火星位置2到3直接的运行时间(也就是飞行器到达火星与离开火星的时间差)为 $1.88x$。由此可以得到相关方程

$$5 + x = 1.88x$$

解得 $x = 5.68$,由此可知飞行器在火星的逗留时间为10.68天。

总结讨论的结果,步骤如下:

1)选好发射窗口,当地球与火星的相位角如图1中双方位置1时是合适的发射飞行器时间;

2)如图1所示,当地球在内圈位1时进行发射,经过180天的飞行,飞行器到达外圈位2的位置,与火星相遇,进行登陆或者绕飞工作;

3)飞行器在火星工作10.68天后,开始返回地球。此时火星在外圈位3处。

4)经过180天的飞行,飞行器到达内圈位4处,与地球相遇,进行回收。

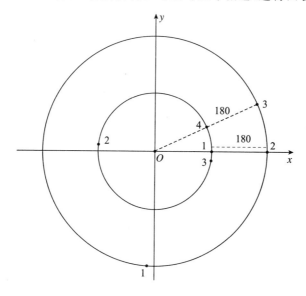

图1 飞行器到火星单程180天的示意图

假如人类发射飞行器到火星的单程需要170天。

下面来一一重新考虑第一部分的三个问题。

对问题一,想要从地球发射飞行器,用更短时间到达火星,还是需要选择使飞行器飞行的路程正是地球与火星之间距离最短的路程,亦即地球与火星在太阳同一侧而且位于同一直线(此处是指发射时地球的位置与经过170天后火星到达的位置在太阳同一侧而且位于同一直线)时的路程,如图2中地球的位置1与火星的位置2之间的关系所示。轨道设计和运载工具也要达到要求。

类似的,对问题二,想要使得飞行器从火星返回,更短时间回到地球,也需要选择使飞行器飞行的路程正是火星与地球之间距离最短的路程,亦即同样需要地球与火星在太阳同一侧而且位于同一直线(此处是指返回时火星的位置与经过 170 天后地球到达的位置在太阳同一侧而且位于同一直线),如图 2 中火星的位置 3 与地球的位置 4 之间的关系所示。其轨道设计和运载工具与上一样,也要达到要求。

而问题三的答案也可类似计算。

如图 2 所示,由地球的位置 1 到达 4 之间的运行时间设为 x,则相应的火星位置 2 到 3 直接的运行时间(也就是飞行器到达火星与离开火星的时间差)为 $1.88x$。由此可以得到相关方程

$$25 + x = 1.88x$$

解得 $x = 28.41$,由此可知此时飞行器在火星的逗留时间为 53.41 天。

总结讨论的结果,步骤如下:

1)选好发射窗口,当地球与火星的相位角如图 2 中双方位置 1 时是合适的发射飞行器时间;

2)如图 2 所示,当地球在内圈位 1 时进行发射,经过 170 天的飞行,飞行器到达外圈位 2 的位置,与火星相遇,进行登陆或者绕飞工作;

3)飞行器在火星工作 53 天后,开始返回地球。此时火星在外圈位 3 处。

4)经过 170 天的飞行 ,飞行器到达内圈位 4 处,与地球相遇,进行回收。

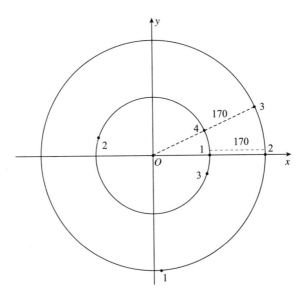

图 2 飞行器到火星单程 170 天的示意图

假如人类发射飞行器到火星的单程需要 190 天。

下面来继续一一考虑第一部分中的三个问题。

对问题一,想要从地球发射飞行器,用190天时间到达火星,依然需要选择使飞行器飞行的路程正是地球与火星之间距离最短的路程,亦即地球与火星在太阳同一侧而且位于同一直线(此处是指发射时地球的位置与经过190天后火星到达的位置在太阳同一侧而且位于同一直线)时的路程,如图3中地球的位置1与火星的位置2之间的关系所示。

但是对问题二,想要使得飞行器从火星返回,用190天时间回到地球,如果继续选择使飞行器飞行的路程正是火星与地球之间距离最短的路程,亦即地球与火星在太阳同一侧而且位于同一直线(此处是指返回时火星的位置与经过190天后地球到达的位置在太阳同一侧而且位于同一直线),那么就像图3所示,它达不到这个目标。不要说在火星上停留一些日子,就是马上返回也来不及,因为地球已经飞到前面了。

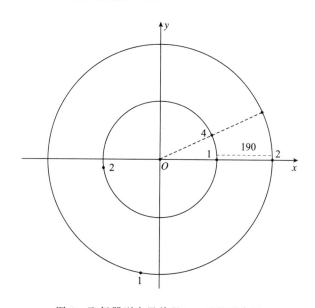

图3　飞行器到火星单程190天的示意图

如果采用逆向飞行,那么与地球交会起码还要半年左右。这样总花费时间比第一、第二部分的情况多。所以在节省时间第一,节省能量第二的优化指标下,这种飞行不采用。

如果顺向追,那么此时能量本已紧张还够不够用都是一个不能保证的问题。更何况往返时间也比前述更长,所以不加考虑。

实际操作时不可能每一阶段时间配合得如此严丝合缝,但如果是比较小的误差,只要飞行器飞入地球或者火星的引力球内,登陆火星或者返回地球都不受太大影响。

分析三部分内容可以看出,182天左右是一个分界点。飞行器单程飞行时间只要略小于这个数值,则往返可以一年左右成功,如第一、第二部分所介绍。而且在这个界限内,如果要求的工作时间与10天相差较大,则可以通过调节飞行器的往返时间来予以弥补。例如:

　　如果飞行器在火星的工作时间只能是 5 天,可以稍微延长飞行器的单程飞行时间,让它比 180 天多一点点;

　　如果飞行器在火星的工作时间需要是 30 天,可以稍微缩短飞行器的单程飞行时间,让它比 180 天少一些,但大于 170 天。

　　如果飞行器单程飞行时间是 190 天这个数值,则返回时已经追不上地球,必须逆向飞行以求尽早相遇。而且来回时间显然比第一、第二部分所用时间多。

　　另外,可以注意到,当飞行器单程飞行时间为 170 天的时候,整个往返地球的时间总数为 $170+53.41+170=393.41$ 天;而当飞行器单程飞行时间为 180 天的时候,整个往返地球的时间总数为 $180+10.68+180=370.68$ 天。

　　为什么单程飞行比较快的情况下反而往返整体耗时会比较多呢?

　　因为此时出发点和目标点(出发时地球是出发点,火星是目标点;返回时则正好相反)都是动点,不是静止情况。它的来回时间不单要考虑速度,还要考虑相位。

　　所以作为一个以时间短为优化指标的整体优化问题,182 天左右就是此时所求的最优点。

　　显见,对于霍曼过渡基础上的优化飞行也有类似结果。

参考文献

[1]　竺苗龙,竺雪君. 关于太阳系中大星体间优化飞行的初步理论探讨[M]. 北京:中国宇航出版社,2015.

[2]　竺苗龙,竺致文,竺雪君. 绕地飞行航天器最佳发射理论及其他问题的研究[M]. 北京:中国宇航出版社,2011.

[3]　竺苗龙,竺雪君,竺致文. 多级火箭的结构参数优化理论[M]. 北京:中国宇航出版社,2011.

[4]　竺苗龙. 关于最佳轨道引论(28)[J]. 青岛大学学报:自然科学版,2012,25(1):1-4.

[5]　竺苗龙. 航天力学中的一些理论问题(2)[M]. 北京:科学出版社,中国,2000.

[6]　竺雪君,竺苗龙. 关于最佳轨道引论(32)[J]. 青岛大学学报:自然科学版,2016,29(1):1-3.

附录Ⅲ 关于太阳系中的优化飞行(7)

1 两次发射的间隔时间

在本文这样假设火星公转一周的时间是地球公转(365天)的1.88倍时间的模型下,地球与火星要达到同样的相位角,以达到第二次顺利发射,需要的不止是两年。

以飞行器单程飞行时间180天为例。由上文已知当地球与火星的相位角如图1中双方位置1时是第一次发射飞行器的合适时间。

当地球在内圈位1时进行发射,经过180天的飞行,飞行器到达外圈位2的位置,与火星相遇,进行登陆或者绕飞工作。至此为止第一次发射顺利结束。此时地球已经转到内圈位置2的地方。

当地球回到位置1时,由于火星公转一周的时间是地球公转(365天)的1.88倍,所以此时火星位置在外圈位置3处。这样的相位角当然不符合要求。

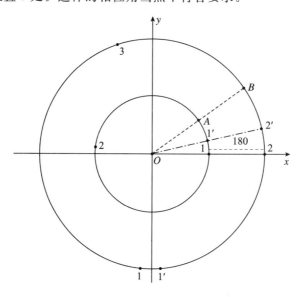

图1 飞行器到火星单程180天的两次发射间隔示意图

于是地球再次公转一周。可是再次回到内圈位置1时,火星却已经飞过外圈的位置1处,而是在1前面的1′处。显然二者之间相差0.12年(即43.8天)的飞行距离。这与要求的相位角有偏差。如何弥补?

假如真的此时进行发射,显然经过 180 天的飞行之后,火星将飞到外圈的 2′ 处,而 2 与 2′ 也是相差 0.12 年。相对应的内圈的 1 与 1′ 相差 0.12×365/1.88＝23.3 天,这代表火星与飞船无法交会。

设真正的第二次发射地球位置为 A 点,其对应的火星目标位置为 B 点。设 1′ 到 A 点的飞行时间为 x,则地球由 1 到 A 点运行的时间,就是火星从 2′ 到 B 点运行的时间,因此有

$$23.3 + x = 1.88x$$

因此 $x = 26.5$,于是 1 到 A 点的飞行时间为 26.5＋23.3＝49.8 天,也就是说,两次发射的时间间隔大约为 2 年零 50 天。

上述运算其实与 180 天的单程飞行速度并没有直接关系。如图 2 所示我们可以类似求得如果飞行器单程飞行时间不是 180 天,而是 170 天或者 190 天,两次发射的时间间隔依然是大约为 2 年零 50 天。

显见,对于霍曼过渡基础上的优化飞行也有类似结果。

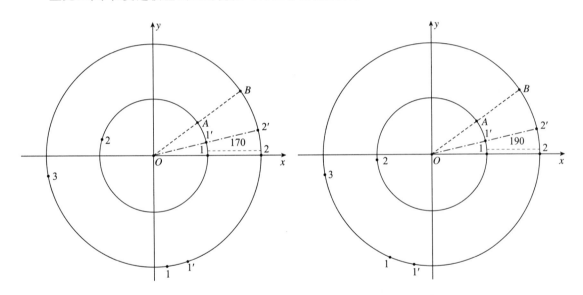

图 2　飞行器到火星单程 170 与 190 天的两次发射间隔示意图

2　飞向火星的情况

综上所述可见,对载人探测火星而言,如果我们指标是省时间第一,省能量第二,那么

1)从 A 点飞至 B 点(如图 1 所示)的飞行时间为 180 天左右较好。此时可在火星上最多停留 10 天左右。如果停留时间要短些,那么可稍加提高 180 天,例如改为 181 天等。当然停留一天半天等也都可以做到。总之这种飞行总的来回时间就在 370 天左右。

2)如果要在火星上停留的时间长些,那么飞行时间可短些,例如 170 天。那么在火星上可

最长停留时间为 50 天左右。但来回时间反而比 370 天长了。这与两个固定点之间的飞行不同。那时飞行时间越少,来回时间也越少。现在的情况是两个动点,它们之间的来回时间,除了要考虑飞行时间外,还要考虑它们之间的相位,否则无法交会。这些前面已讲。

3)如果要在火星上停留的时间更长,那么飞行时间可以更短些,例如 165 天、160 天……这样在火星上停留的时间会更长。具体长多少? 可类似计算,不再重复。当然来回时间跟上面分析一样,也会比 370 天长。

4)如果飞行时间比 180 天左右长,例如 190 天、200 天……那么来回的时间也肯定比 370 天长。为什么? 前已指出。

所以,从地球至火星的 180 天左右的飞行时间是一个较好的优化飞行时间。

那么如何达到这个较好的飞行时间? 前面简要提到,这里详细一点。

(1)运载工具要达到要求

用霍曼过渡是充分利用了太阳的引力及地、火等公转和自转等,所以省能量。

现在不走这条路线,而是要求像前文所述的那样走(但公转和自转以及太阳能等的利用,这在太阳系的飞行中是肯定的。前已多次提到,以后不再重复。),必定要多花能量。所以对运载工具的要求更高了。但这我们可以靠多装些助推火箭、采用更好的推进剂、制造更大的火箭等来解决,而且要用多级火箭结构参数优化理论来搞优化。

(2)设计优化轨道

第一子弧可以是优化的椭圆子弧,第二子弧则必须是优化的双曲子弧。因为主要的时间就花在那里,所以用双曲子弧来省时间,用优化的双曲子弧就可省能量。第三子弧则一定要应用返回中的优化结果。如果是椭圆子弧,就用椭圆子弧,用不着再加速为抛物、双曲子弧。如果是双曲、抛物子弧,那么就用双曲、抛物子弧。理由也是因为这一段时间也是小量,用不着为改变子弧而多花能量。当然总时间要符合要求。

(3)最好是月球在圈外时发射

深入情况 5.9 节中会专门解决。

这就是说,有了优化设计的飞行轨道及符合要求的运载工具,那么从地球飞向火星用 180 天左右飞行时间就有了基本保证。

3　飞向太阳系中的其他行星

向金星等黄道内圈行星发射,方法显然与向火星发射类似。但此时月球最好在圈内。

如果向土星、木星等黄道外圈行星发射,那么月球最好在圈外。方法也与向火星发射的方法类似,但理想发射速度、发射时间的间隔等等会不一样。

如果在飞行中刚好可以利用引力效应(例如向土星发射时)那当然利用,但子弧是增加了。如果在飞行中利用引力效应有困难,那么用向火星发射的方法也是可以飞向土星、木星等。

利用引力效应,约束增多,发射机会就会减少。但省能量,还有可能跑得更快。

不用引力效应,约束少了,但多费能量。我们应综合考虑,有机会就用,没有机会就不用。等待太久也是等不起的。我们是考虑载人的,所以多费一点能量,早日安全返回是我们希望的。

4 载人探月

确定来回日期后,选好运载工具及设计好飞行轨道(2 段优化子弧及优化拼接)。最好是月球在圈内时发射而在圈外时返回。

至于其他发射,例如月球在圈内中点时向月球发射,那么工作时间若少则返回就受影响等。到底如何?只要比较各种情况下的仿真结果我们就能知道。显见这里也有一个优化问题。当然火箭在关键各点处也有一个优化问题。

详细情况 5.9 节 A 中还会讨论。

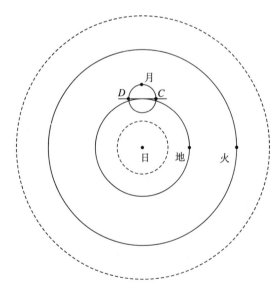

图 3   载人探月的示意图

5 小推力情况

上面所述都是对大推力化学火箭而言。那么小推力运载工具会如何?

如果是新型的小推力火箭(以小推力为主,但也结合着大推力火箭,例如装有几组大推力的助推火箭,以便消除螺旋线部分飞行等不利的地方),那么靠可控的长时间小推力飞行可使飞向火星的中间子弧上飞行的飞船达到很大的速度,这就为理想飞行 180 天左右提供了基本保证。飞向其他行星时也如此,所以小推力运载工具在太阳系中的飞行中可能是一种很好的运载工具。

参考文献

[1]　竺苗龙,竺雪君. 关于太阳系中大星体间优化飞行的初步理论探讨[M]. 北京:中国宇航出版社,2015.

[2]　竺苗龙,竺致文,竺雪君. 绕地飞行航天器最佳发射理论及其他问题的研究[M]. 北京:中国宇航出版社,2011.

[3]　竺苗龙,竺雪君,竺致文. 多级火箭的结构参数优化理论[M]. 北京:中国宇航出版社,2011.

[4]　竺苗龙. 关于最佳轨道引论(28)[J]. 青岛大学学报:自然科学版,2012,25(1):1-4.

[5]　竺苗龙. 航天力学中的一些理论问题(2)[M]. 北京:科学出版社,中国,2000.

[6]　竺雪君,竺苗龙. 关于最佳轨道引论(32)[J]. 青岛大学学报:自然科学版,2016,29(1):1-3.

附录Ⅳ　关于太阳系中的优化飞行(8)

　　霍曼轨道是指与两个在同一平面内的同心圆轨道相切的椭圆过渡轨道。霍曼在 1925 年首先提出这条过渡轨道。在限定只用二次脉冲推力的情况下,这是能量最省的过渡轨道,但飞行时间和飞行路线较长。

　　面对从地球飞向火星这个现实问题,用最省能量的霍曼轨道进行货运是非常好的一种选择。但是如果是载人航天,那么飞行时间较长这个缺点就显得十分严重了。因为载人飞向火星的优化指标当然是节省时间第一,节省能量第二。

　　但是霍曼轨道充分的利用了太阳的引力,这一点也是别的轨道很难相比的优势。所以我们考虑稍微改进一下霍曼的椭圆过渡轨道,将它换成三段经过优化的子弧拼接。

　　从地球出发时的发射轨道是第一子弧,它可以是优化的椭圆子弧,第二子弧则必须是优化的双曲子弧。因为主要的时间就花在那里,所以用双曲子弧来省时间,用优化的双曲子弧就可省能量。第三子弧则一定要应用返回中的优化结果。如果是椭圆子弧,就用椭圆子弧,用不着再加速为抛物、双曲子弧。如果是双曲、抛物子弧,那么就用双曲、抛物子弧。理由也是因为这一段时间也是小量,用不着为改变子弧而多花能量。

　　而三段已经经过优化的子弧的拼接方式也是应该予以优化的,其方法以前已经讨论过,这里不再重复。

　　从历次飞向火星的飞行器飞行时间的比较可以看到,现在飞到火星的单程飞行时间大约200—250 天,所以经过改进的优化轨道应该能够在 170—200 天左右完成单程飞行。

　　下面假设按照所优化的拼接轨道,人类发射飞行器到火星的单程需要 180 天。那么在火星逗留的时间为多少,能够使得整个往返的总时间最短?

　　既然选择的是改善后的霍曼轨道,因此不妨设飞行器发射的位置如图 1 中地球的位置 1与火星的位置 2 之间的关系所示,即地球与火星在太阳的异侧而且位于同一直线(此处是指发射时地球的位置与经过 180 天后火星到达的位置在太阳异侧而且位于同一直线)。

　　类似的,想要使得飞行器从火星返回,也选择使飞行器飞行的路程正是火星与地球之间改进的霍曼轨道,亦即同样需要地球与火星在太阳异侧而且位于同一直线(此处是指返回时火星的位置与经过 180 天后地球到达的位置在太阳异侧而且位于同一直线),如图 1 中火星的位置3 与地球的位置 4 之间的关系所示。而所走的也是如上所言优化以后三段子弧组合而成的轨迹。运载工具的要求同上。

如图 1 所示,由地球的位置 1 到达 4 之间的运行时间设为 x ,则相应的火星位置 2 到 3 直接的运行时间(也就是飞行器到达火星与离开火星的时间差)为 $1.88x$ 。由此可以得到相关方程

$$5+x=1.88x$$

解得 $x=2.68$,由此可知飞行器在火星的逗留时间为 10.68 天。

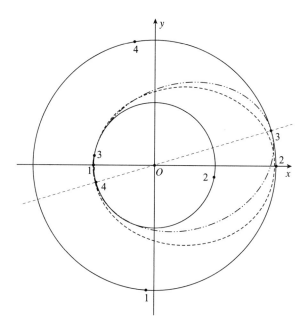

图 1　飞行器到火星单程 180 天的示意图

总结讨论的结果,步骤如下:

1)选好发射窗口,当地球与火星的相位角如图 1 中双方位置 1 时是合适的发射飞行器时间;

2)如图 1 所示,当地球在内圈位 1 时进行发射,经过 180 天的飞行,飞行器到达外圈位 2 的位置,与火星相遇,进行登陆或者绕飞工作;

3)飞行器在火星工作 10.68 天后,开始返回地球。此时火星在外圈位 3 处。

4)经过 180 天的飞行,飞行器到达内圈位 4 处,与地球相遇,进行回收。

假如人类发射飞行器到火星的单程需要 170 天。

下面来重新考虑第一部分的问题。

既然选择的是改善后的霍曼轨道,因此不妨设飞行器发射的位置如图 2 中地球的位置 1 与火星的位置 2 之间的关系所示,即地球与火星在太阳的异侧而且位于同一直线(此处是指发射时地球的位置与经过 170 天后火星到达的位置在太阳异侧而且位于同一直线)。轨道设计和运载工具也要达到要求。

类似的,想要使得飞行器从火星返回,也选择使飞行器飞行的路程正是火星与地球之间改

进的霍曼轨道,亦即同样需要地球与火星在太阳异侧而且位于同一直线(此处是指返回时火星的位置与经过 170 天后地球到达的位置在太阳异侧而且位于同一直线),如图 2 中火星的位置 3 与地球的位置 4 之间的关系所示。而所走的也是如上所言优化以后三段子弧组合而成的轨迹。其运载工具与上一样,也要达到要求。

如图 2 所示,由地球的位置 1 到达 4 之间的运行时间设为 x,则相应的火星位置 2 到 3 直接的运行时间(也就是飞行器到达火星与离开火星的时间差)为 $1.88x$。由此可以得到相关方程

$$25 + x = 1.88x$$

解得 $x = 28.41$,由此可知此时飞行器在火星的逗留时间为 53.41 天。

总结讨论的结果,步骤如下:

1)选好发射窗口,当地球与火星的相位角如图 2 中双方位置 1 时是合适的发射飞行器时间;

2)如图 2 所示,当地球在内圈位 1 时进行发射,经过 170 天的飞行,飞行器到达外圈位 2 的位置,与火星相遇,进行登陆或者绕飞工作;

3)飞行器在火星工作 53 天后,开始返回地球。此时火星在外圈位 3 处。

4)经过 170 天的飞行,飞行器到达内圈位 4 处,与地球相遇,进行回收。

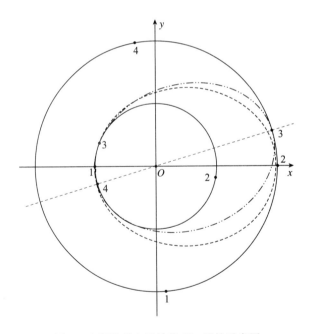

图 2   飞行器到火星单程 170 天的示意图

假如人类发射飞行器到火星的单程需要 190 天。

既然选择的是改善后的霍曼轨道,因此不妨设飞行器发射的位置如图 3 中地球的位置 1

与火星的位置 2 之间的关系所示,即地球与火星在太阳的异侧而且位于同一直线(此处是指发射时地球的位置与经过 190 天后火星到达的位置在太阳异侧而且位于同一直线)。轨道设计和运载工具也要达到要求。

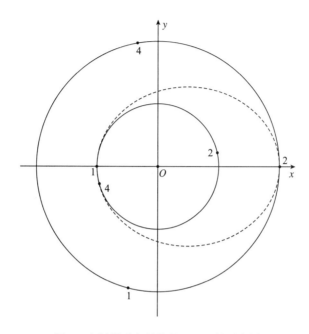

图 3　飞行器到火星单程 190 天的示意图

但是想要使得飞行器从火星返回,用 190 天时间回到地球,如果继续选择改善后的霍曼轨道,亦即地球与火星在太阳的异侧而且位于同一直线(此处是指返回时火星的位置与经过 190 天后地球到达的位置在太阳异侧而且位于同一直线),那么就像图 3 所示,它达不到这个目标。不要说在火星上停留一些日子,就是马上返回也来不及,因为地球已经飞到前面了。

如果采用逆向飞行,那么与地球交会起码还要半年左右。这样总花费时间比第一、第二部分的情况多。所以在节省时间第一,节省能量第二的优化指标下,这种飞行不采用。

如果顺向追,那么此时能量本已紧张还够不够用都是一个不能保证的问题。更何况往返时间也比前述更长,所以不加考虑。

实际操作时不可能每一阶段时间配合得如此严丝合缝,但如果是比较小的误差,只要飞行器飞入地球或者火星的引力球内,登陆火星或者返回地球都不受太大影响。

分析三部分内容可以看出,182 天左右依然是一个分界点。飞行器单程飞行时间只要小于这个数值,则往返可以一年左右成功,如第一、第二部分所介绍。而且在这个界限内,如果要求的工作时间与 10 天相差较大,则可以通过调节飞行器的往返时间来予以弥补。例如:

如果飞行器在火星的工作时间只能是 5 天,可以稍微延长飞行器的单程飞行时间,让它比180 天多一点点;

如果飞行器在火星的工作时间需要是 30 天,可以稍微缩短飞行器的单程飞行时间,让它比 180 天少一些,但大于 170 天。

另外,可以注意到,当飞行器单程飞行时间为 170 天的时候,整个往返地球的时间总数(393.41 天)还是比单程飞行时间为 180 天的时候的整个往返地球的时间总数(370.68 天)长。这种情况和前文所讨论的情况一模一样,原因我们也已经解释过,是因为此时出发点和目标点(出发时地球是出发点,火星是目标点;返回时则正好相反)都是动点,不是静止情况。它的来回时间不单要考虑速度,还要考虑相位。

所以作为一个以时间短为优化指标的整体优化问题,182 天左右就是此时所求的最优点。

如上所言,那么 370 天左右我们就可以往返地火之间一次。如果在总计往返时间为 370 天的基础上,从地球飞向火星的时间略长一点,例如 185 天,而从火星飞回地球的时间略短一些,如 175 天,那么显见也得同样结果。

所以,如果在发射的时候就预先不取最优单程飞行时间值 182 天,而是有意取大一些,例如 185 天,步骤如下:

1)选好发射窗口,当地球与火星的相位角如图 4 中双方位置 1 时是合适的发射飞行器时间;

2)如图 4 所示,当地球在内圈位 1 时进行发射,经过 185 天的飞行,飞行器到达外圈位 2 的位置,与火星相遇,进行登陆或者绕飞工作;

3)飞行器在火星工作 10 天左右后,开始返回地球。此时火星在外圈位 3 处。

4)经过 175 天的飞行,飞行器到达内圈位 4 处,与地球相遇,进行回收。

这样整体往返时间还是 370 天。而如果时间上有些微小的误差,还是能够通过引力球效应予以解决的。

另外,在本文这样假设火星公转一周的时间是地球公转(365 天)的 1.88 倍时间的模型下,地球与火星要达到同样的相位角,以达到第二次顺利发射,需要的不止是两年。

以飞行器单程飞行时间 180 天为例。由上文已知当地球与火星的相位角如图 5 中双方位置 1 时是第一次发射飞行器的合适时间。

当地球在内圈位 1 时进行发射,经过 180 天的飞行,飞行器到达外圈位 2 的位置,与火星相遇,进行登陆或者绕飞工作。至此为止第一次发射顺利结束。此时地球已经转到内圈位置 2 的地方。

当地球回到位置 1 时,由于火星公转一周的时间是地球公转(365 天)的 1.88 倍,所以此时火星位置在外圈位置 3 处。这样的相位角当然不符合要求。

于是地球再次公转一周。可是再次回到内圈位置 1 时,火星却已经飞过外圈的位置 1 处,而是在 1 前面的 1′ 处。显然二者之间相差 0.12 年(即 43.8 天)的飞行距离。这与要求的相位角有偏差。如何弥补?

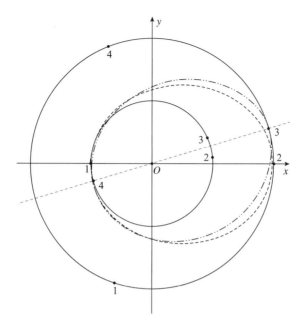

图 4 飞行器到火星单程 185 天,返回 175 天的示意图

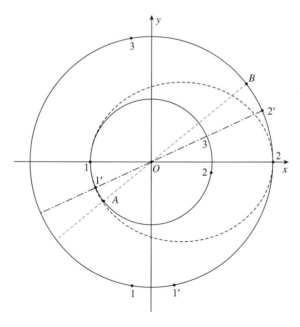

图 5 飞行器到火星单程 180 天的两次发射间隔示意图

假如真的此时进行发射,显然经过 180 天的飞行之后,火星将飞到外圈的 2′处,而 2 与 2′ 也是相差 0.12 年。相对应的内圈 1 与 1′相差 0.12×365/1.88＝23.3 天,这代表火星与飞船 无法交会。

设真正的第二次发射地球位置为 A 点,其对应的火星目标位置为 B 点。设 1′到 A 点的

运行时间为 x，则地球由 1 到 A 点运行的时间，就是火星从 $2'$ 到 B 点运行的时间，因此有

$$23.3 + x = 1.88x$$

因此 $x = 26.5$，于是 1 到 A 点的运行时间为 $26.5 + 23.3 = 49.8$ 天，也就是说，两次发射的时间间隔大约为 2 年零 50 天。

上述运算其实与 180 天的单程飞行速度并没有直接关系。如图 2 所示我们可以类似求得如果飞行器单程飞行时间不是 180 天，而是 170 天或者 190 天，两次发射的时间间隔依然是大约为 2 年零 50 天。

为了简化运算、突出矛盾，我们一直用的模型如轨道等是圆轨道，但显然如果是用椭圆轨道，问题的思路和结果都是类似的。

所以称我们的工作是初步理论探讨。

另外请注意，我们以上是在最短飞行距离和霍曼过渡基础上搞优化而算出 182 天的飞行时间为最佳点（一年可往返）。如果能量足够大，飞行路径也不是上述，例如 5.6 节中的图一2，我们用 170 天由内圈的 1 飞至外圈的 2 后，工作一下马上再飞回内圈的 1，然后由 1 处选一较好的轨道逆向往地球运行方向飞行，这时与地球的交会时间就会小于 1 年。当然飞船的飞行路程长了，能量消耗也太大，所以这种方案本书不采用。

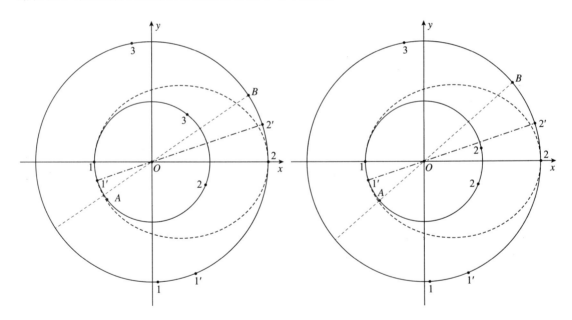

图 6　飞行器到火星单程 170 与 190 天的两次发射间隔示意图

参考文献

[1]　竺苗龙,竺雪君. 关于太阳系中大星体间优化飞行的初步理论探讨[M]. 北京:中国宇航出版社,2015.

[2]　竺苗龙,竺致文,竺雪君. 绕地飞行航天器最佳发射理论及其他问题的研究[M]. 北京:中国宇航出版社,2011.

[3]　竺苗龙,竺雪君,竺致文. 多级火箭的结构参数优化理论[M]. 北京:中国宇航出版社,2011.

[4]　竺苗龙. 关于最佳轨道引论(28)[J]. 青岛大学学报:自然科学版,2012,25(1):1-4.

[5]　竺苗龙. 航天力学中的一些理论问题(2)[M]. 北京:科学出版社,中国,2000.

[6]　竺雪君,竺苗龙. 关于最佳轨道引论(32)[J]. 青岛大学学报:自然科学版,2016,29(1):1-3.

[7]　竺雪君,竺苗龙. 关于最佳轨道引论(34)[J]. 青岛大学学报:自然科学版,2016,29(3):1-5.

[8]　竺雪君,竺苗龙. 关于最佳轨道引论(35)[J]. 青岛大学学报:自然科学版,2016,30(4):1-3.

附录 V   关于太阳系中的优化飞行(9)

1   关于载人探测火星的初步优化设想

载人探测火星,至今起码有三个方案。

1)利用霍曼过渡;当然发射及着陆这始末两段也有优化问题。

2)在霍曼过渡上进行优化处理(三段子弧的优化,以及拼接的优化)

3)在最短飞行距离上的优化飞行。

第一个方案前人讨论多年了,虽省能量,但来回时间太长。指标是省时间第一,省能量第二,所以我们的工作都是针对二、三方案的。而二、三方案有很多共同之处,所以,下面继续深入讨论三的情况,对二也是适用的。

针对三的情况,以前已知:若单程来回都是 182 天,火星上工作半天左右,那么刚好 365 天左右可以来回。这在载人探测火星初期有意义。如果想在火星上工作时间要长些,例如 2—3 天,那么可以让单程飞行时间比 182 天略为少些就行。如果要在火星上工作时间更长些,例如 10 天左右,那么来回都是 180 天的飞行,加上停留时间那么 370 天可来回。所以,若把 365 天作为最佳点,那么 370 天就是近似的最佳点。所以下面为叙述方便,常用这近似的最佳点。这些以前文章都有详细叙述。

前面就知:如果要求在火星上工作 10 天左右,来回要求 370 天。那么不但单程飞行都是 180 天可以,而且飞去的时候花 190 天,回来的时候花 170 天也能做到。飞去的时候花 185 天,回来的时间花 175 天也能做到……。这就是说,这里实际要求的是来回的飞行总时间。这个性质有用,下面就可见到。

已知从地球向火星发射时,月球最好在图 1 所示的圈外,当然,最好在 A 处。

如何做到这点,就可利用上述性质来达到。

例如要求的是在火星上工作 10 天左右,那么根据以前的探讨我们用来回的总时间为 370 天。

先看用 180 天发射的情况。如果此时月球在 A 处附近,那么就按发射飞行时间 180 天发射,返回也按 180 天飞行时间返回,加上在火星上工作 10 天左右,那么总的来回时间就是 370 天左右。

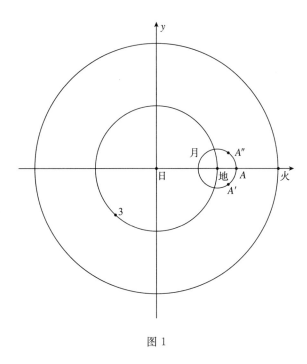

图 1

如果发射时(用 180 天飞行时间),月球不在 A 处附近,而推迟 10 天(当然,5 天、6 天……讨论也类似)能达到(这圈内、外也是随时间而变化的),那么我们就推迟 10 天,按图 2 所示进行计算。

这时,从地球向火星发射的飞行时间是 188.8 天,发射的相对方位是图 2 所示。然后在火星上工作 10 天后,用 171.2 天的返回飞行时间返回地球。

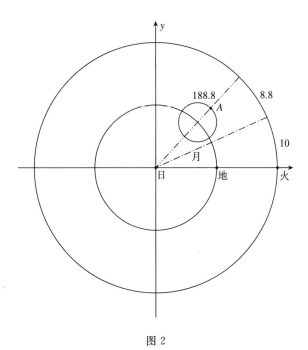

图 2

因为月球绕地球一圈是 28 天左右,所以用上述方法是一定能达到要求的。更何况这最佳点附近的所谓一小段约为月球 7 天左右的飞行弧段。

这样推迟的理想发射,不但其目的可达到,而且从能量消耗的角度来看是不是优上加优,这要靠仿真计算来回答。

当然,我们也可从发射飞行时间 170 天(采用 170、190 方案)开始考虑上述问题,但从能量角度看显然消耗大,所以我们从 180 天开始考虑。

显见,上述问题的解决对霍曼过渡基础上的优化飞行也是可用的。

现在我们就可以对载人探测火星的情况,提出我们的初步优化方案(显见比过去的设想完善)。

1)要考虑在火星上工作时间,例如半天左右(初期有用),那么采用 365 天左右的来回飞行(当然最好是去时时间长些,回时时间短些。下面也如此。)。

如果在火星上工作时间要 10 天左右,那么采用 370 天来回飞行。

……

当然,如果要 3 天,4 天,15 天,20 天……,我们都可用调节来回飞行时间来做到。

2)向火星发射时,月球最好在圈外,而且一般在最佳点位置附近的一段弧上(如果向内圈行星例如金星发射,则要在圈内最佳点附近的一段弧上)。

这个性质还给我们再次利用月球引力提供了基础。例如我们向火星发射时是向 A 处方向发射,选择好此时月球的适当位置,让飞船飞至 A 处时恰好在此时月球位置的月球引力球内,从而当飞船穿过月球引力球后使第一子弧的终点获得加速。这对第二子弧(双曲轨道)的起始有帮助,当然方向要做适当调整。我们考虑的是载人飞行,这些就更容易做到。但月球质量小,这与大星体间的甩摆效果就有区别。但也有点用处。到底有多大效益?那要靠仿真来回答。返回时若要减速,而刚好有合适机会,那么也可类似利用,但前、后有区别。

当然,若调整角度所消耗的能量比再用引力效应所增大的能量还大,那我们就不用这个引力效应。

3)在符合要求的飞行时间前提下设计整个飞行的优化轨道,即优化三段子弧及优化它们的拼接。发射时如此,返回时也如此。

4)选择合适的运载工具,并在有关的节点处进行多级火箭的优化(即最省的最省推进剂方案等)。

返回显见可类似操作。

上述设想显见对霍曼过渡基础上的优化飞行也适用。然后对这两种情况对应的两个方案进行仿真计算比较,看哪个省能量(因为时间要求是一样的)就用哪个。

对太阳系中其他大星体间的优化飞行也可类似处理。虽然有关数值会不同,但办法和结论是类似的。至于将来在火星等上建立基地,那么由这些基地向地球发射飞船等时,它们的卫星也可类似利用。

以上都是对大推力火箭而言的。

关于小推力飞行,以后会专门讨论。

至于在太阳系中大星体间优化飞行中若碰到可用引力效应的中间星体时(例如向海王星发射载人探测器),那么当然要利用。如何利用?那要具体问题具体分析。这些以前文章已提过,这里不再重复。

再则,现在我们不但把绕地飞行的最佳发射轨道等理论成果推广到太阳系中大星体间的优化飞行了,而且把有关节点处运载工具的优化也考虑进去了。这样参考文献[1],[2],[3]这三本书的主要内容又有机地联系起来了,参考文献[4]则是自然延伸。

过去我们在探讨绕地飞行时,是把参考文献[1]和参考文献[2]有机联系起来的。

另外,过去我们在参考文献[3]中主要是提出一种太阳系中大星体间优化飞行的新方法,即子弧的优化和拼接的优化。现在我们对发射时机的优化问题也进行了探讨,然后又跟上述方法联系起来,再跟多级火箭的优化也联系起来,从而形成了太阳系中大星体间优化飞行的初步设想。至于载人探月,下面另外讨论。

2　关于载人探测月球的优化设想

探测月球,不管是载人也好,不载人也好,人们已进行了许多次,积累了丰富的经验,取得了惊人的成果。这方面资料很多,有兴趣的读者自己查查就行。下面要说的主要是有关优化的一些设想,指标是省能量第一,时间第二。

由地球发射至月球,目前起码有 2 种方法。

大家知道:航天器的轨道平面与月球的运动平面不一定共面。但月球在白道上运动时,与航天器的轨道平面在 28 天左右的时间内有 2 个交点,这样我们就可在交点处(例如升交点处)把一个不共面的问题化为共面发射问题。因为共面发射比不共面发射不但省能量而且简单。我们在参考文献[3]中就简单说了一个不共面发射的情况,显见它既不简单又费能量,所以参考文献[3]中基本上讨论的都是共面的情况。上面所述的实际上就是一种直接发射的方法。当然二段子弧要优化,拼接也要优化,而且在有关节点处多级火箭也要优化(最省的最省推进剂方案等),这样就会更好。

另一种发射方法就是利用停泊轨道。这种方法虽然时间及调整相位的时间和能量的损耗等都增多了,但发射机会也增多了。当然停泊轨道本身也有一个最佳发射问题。以前已知:向月球发射时,月球在圈内好。而从月球向地球返回时,月球在圈外好。不妨设图 3 所示的 A

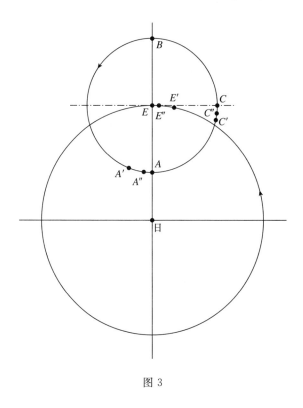

图 3

点是最佳发射点,B 点是最佳返回点(一般我们取以 A、B 为中心的各一小段)。但地、月都在运动,这种相对位置很短暂,所以最佳发射时,是月球在 A′ 处开始的。它要跟第二子弧的始点在月球引力球内的位置和距离联系起来,包括有关节点处的火箭优化问题。下面都是如此不再重复。假设地、月间飞行的时间为 3 天,在月球停留 1 天左右(或一天之内),而从 A′ 至 A 时月球要跑 3.3 天。所以当月球在 A′ 时就从地球上向 A 方向发射飞船,经过 3 天飞行后落入 A″ 处的月球引力球内。A″ 处紧靠 A 处,月球跑了 3 天。(月球引力球半径约为 6 万公里,飞船飞 6 万公里约需半天。而第二子弧起点的逆向最好距离不妨设计算后为距月心约飞行 0.3 天),然后就操作登月。这就是发射的情况。至于如何操作登月这以前讲过多次,不再重复。

最佳返回也是如此。当地、月间为图 3 所示的 B、E′ 情况时,从 B 处开始向 E 向返回(这里从 E′ 距 E 也需飞行约 3.3 天,而地、月间飞行仅是约需 3 天,而 E″ 距 E 约需飞行 0.3 天。而第二子弧的始点要求等也同上一样。所以这个 0.3 天不一定准确,但它代表的意义与上是一致的)。这样 3 天飞行后,飞船就能进入在 E″ 处的地球引力球内,然后就是我们熟知的登陆。

所以 A、B 是两个最佳点(实际上是各以 A、B 为中心的一个小弧段),它对以后的载人登月有意义。因为以后的人可能去工作,也可能去旅游,在月球上逗留的时间会长些。

对于无人探测的情况也是如此,例如带月球车上月球,这就找最佳发射时机就行。

可是在开始进行载人探月时,人不需要在月球上停留太久,例如一天左右(甚至一天之内),那么这个最佳发射点就有缺陷了。例如用最佳发射点登月,那么飞行 3 天,工作 1 天,所以返回时月球还在圈内,这对返回不利。不利多少?靠仿真计算。

为此我们提出如图 3 向 C 处发射的方案。设 C' 至 C 月球要跑约 3.3 天,那么当地、月如 E、C' 时我们从地球上向 C 处发射飞船,飞行 3 天后进入月球的引力球内(此时月球在 C' 处),然后登月。工作 1 天后返回地球(返回情况前已类似叙述)。这样发射在圈内,返回在圈外,这个方案从力学角度看似乎好些,但能量消耗到底会如何?也要靠仿真计算后才能知道。而每个发射(返回)方案的仿真计算基本都立足在这么三部分:

1)发射(返回)方法(直接发射,或停泊式发射。停泊式发射也有上述不同方案);

2)两段子弧的优化及拼接的优化;

3)各个相关节点处多级火箭的优化。

这样处理后,基本上就算出了每个发射(返回)方案所需的能量和时间,包括发射最佳停泊轨道所需的能量、时间,以及调整停泊轨道相位等所消耗的能量和时间。

然后我们就可以根据实际情况和需要而选择出一种比较优化的方案。

这就是我们关于载人探月优化飞行的初步设想。

综上所述可见:我们现在的关于载人探测火星(和月亮)等太阳系中大星体间优化飞行的设想比过去的设想是更完善了。

参考文献

[1] 竺苗龙,竺致文,竺雪君. 绕地飞行航天器最佳发射理论及其他问题的研究[M]. 北京:中国宇航出版社,2011.

[2] 竺苗龙,竺雪君,竺致文. 多级火箭的结构参数优化理论[M]. 北京:中国宇航出版社,2011.

[3] 竺苗龙,竺雪君. 关于太阳系中大星体间优化飞行的初步理论探讨[M]. 北京:中国宇航出版社,2015.

[4] 竺苗龙. 关于高速飞行和飞出太阳系个别问题的初步理论探讨[M]. 北京:中国宇航出版社,2011。

[5] 竺雪君,竺苗龙. 关于最佳轨道引论(32)[J]. 青岛大学学报:自然科学版,2016,29(1):1-3.

附录Ⅵ　关于太阳系中的优化飞行(10)

本文将讨论几种新型的运载工具的设想,目的是提高推力和速度并考虑重复使用,不涉及这些的本文没有讨论,例如姿态控制等方面用的小推力火箭等本文就没有讨论。

1　引言及采用核火箭发动机等的设想

首先是大推力火箭发动机的本身。例如考虑使用图1所示的核火箭发动机,其比冲将会比现在使用的化学火箭提高2倍左右。但是核辐射防护、材料及反应堆质量减轻问题、高温材料问题等要解决。钱学森还提出过氘火箭发动机,效益更好,当然问题也更多,尚需解决。

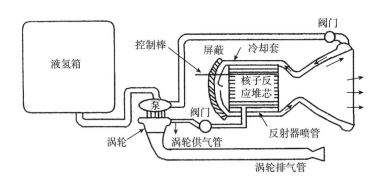

图1　核火箭发动机示意图

其次,如果一直用一次性火箭作为运载工具,那么浪费显然惊人。航天飞机就是想在这方面有所突破。前几十年,美国的第一代航天飞机已经飞行了多次。现在虽然不再提及,但迟早要改进,要提高,要使用。因为像飞机那样可重复使用,从理论上讲应该,从实际上讲第一代航天飞机基本上也是成功的。

如果改进、提高第一代航天飞机,如果改进、提高、增大制造可重复使用的小推力火箭,然后用来进行带人的登月、登火等飞行,再在新型号上利用"多级火箭的结构参数优化理论"(那里涉及运载工具的设计优化和使用优化)和"最佳发射轨道的理论"来进行绕地飞行及奔月、奔火等的最佳发射(返回)轨道计算,再把引力效应和节能通道及星体的自转和公转及太阳能等等也利用起来,那将给人类省下多少的费用或能源?

另外,第一代航天飞机发射时,外贮箱是丢掉的。能否在外贮箱上装伞并防热,从而让它也平安返回(如果回收成本太高,那只好丢掉)? 这样的新一代航天飞机不就完全可重复使用了吗？再则,第一代航天飞机是不能奔月、奔火的,因为推力和速度均不够。如果在新一代的航天飞机上多装几组带伞防热串、并联的助推火箭(参见图2),不就能解决这些问题(这实际上是增加了级数,参见参考文献[2])。造了航天飞机,一年用不了几次,维护费用显然太高。可是今后如果发现火星上有水,那么地火之间来往就会像地月之间来往那么频繁。更不要说要发射像静止卫星那样的绕地飞行的航天器等。这样使用次数就会大大增加,其经济效益不也就大大增加了吗？

小推力火箭也如此,也要考虑重复使用等问题。小推力火箭加速时间长,所以登月要用大推力火箭(包括可重复使用的航天飞机)。也正因为小推力火箭可长时间加速,所以速度也达很大,这在太阳系中航行时(例如登火、登土等星体)就有可能比大推力火箭来回更快。

把几个小推力火箭在停泊轨道上对接起来,对飞向其他恒星有什么好处？正文中也提出了设想。

2　关于用新一代航天飞机去月球航行的设想

若用新一代航天飞机:运载工具是装多组带伞防热、水的助推火箭,把合适的航天飞机(回来靠它)作为载荷。

在比较宽广的陆地上或海上发射,或在靠近海的的地方向海上发射,这样助推火箭回收方便(甚至考虑月球、火星等上回收相应的助推火箭,如果成本合适的话)。

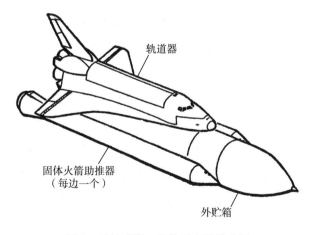

图2　两级式第一代航天飞机示意图

然后飞向地月轨道,主要就靠地面附近多组助推火箭的加速,次要的靠航天飞机上的助推火箭来调整速度或减速。继而到达月球附近绕月飞行,放出登月舱。完成登月任务后,把整个登月舱都收回,继而借助这合适的航天飞机的剩余动力(若登月舱也可提供动力则更好)返回地球。进入地球大气层前一定要把登月舱收回在航天飞机的货舱内。外贮箱要经过防热处理及带伞等。这样外贮箱也可单独降落、收回（如果成本合适的话），从而做到全部重复使用。

将来往返月球肯定越来越多，这样重复使用的价值就越来越明显。但当前用一次性火箭登月、火等是比较经济的。

再则，若在货运及前述飞行基础上运送物资及人员，从而在月球上建立起基地，那么这新一代的航天飞机就可本身登月。这时返回时若需加注推进剂，若需组装助推火箭，若需换乘航天员等等，这一系列事情都好办了。当然在那里组装运载工具飞向地球等也就成了可能。

3　关于用新一代航天飞机去火星等航行的设想

发射地方的选择跟探月时一样，外贮箱的防热问题等也要跟前述一样解决好。因为火星表面也有大气层，虽然大气的组成成分（其主要成分是 CO_2）与地球表面的大气层的组成成分不同。这与月球表面没有大气层是不同的。

运载工具是装有多组带伞防热、水助推火箭，合适的新一代航天飞机是载荷（回来主要靠它）。从地球上起飞时，所有使用过的助推火箭（通过装伞及防热等处理）都回收，然后这个新一代的航天飞机奔向绕火星转的轨道，继而发射登火舱在火星某地上登陆。这里主要也靠地面附近的多组助推火箭的加速，次要靠航天飞机上的助推火箭来调整速度及减速。

完成任务后登火舱从火星上起飞，然后与航天飞机对接、收回，飞向地球。借用航天飞机的剩余动力（如果登火舱有剩余动力帮助一下更好）到达地球大气层的上空，平安着陆。

去火星飞行，过去是省时间第一、省能量第二（不考虑回收）。但时间主要花在中间那段，所以若第一子弧采用椭圆轨道，这样对时间有影响，但不大；可是能量省了。

若进入火星引力球时其速度大于等于当地的 V_{II_0}，那得按参考文献[1]中理论而不要减速；从火星返回地球时也如此。但前面已说从地球向火星等发射时第一子弧是可用椭圆的，返回地球时也如此。

再则过去提过，若进入火星引力球时其速度小于当地的 V_{II_0}，则为了省时要加速至大于 V_{II_0}。可以这么做，但也可以用椭圆轨道作为子弧，就是因为对时间影响不大。返回地球时也如此。

现在还要回收，所以第一子弧要大大加速以至达到第二、三子弧符合要求，这就与过去不同了。

前面已讲，如果火星上有水，那么人类去那里的次数肯定大大增加，从而重复使用的价值也就大大增加。

同样，如果借用货运飞行（霍曼飞行和节能通道飞行）及上述飞行把材料、人员等送上火星上某地点，从而建立起基地，那么这个新型的航天飞机就能直接在这基地上降落。这样推进剂的加注、助推火箭的组装、人员的换乘等一系列问题都可以比较容易地解决了。

4 关于新一代的小推力火箭去火星飞行的设想

运载工具是防热、水,带伞的多组助推火箭,载荷是可防热带翼及带助推火箭的合适的小推力火箭(回来靠它)。发射地点和回收情况与第2节和第3节一样。

靠助推火箭使这小推力火箭进入停泊轨道。

过去是经过绕地球几次飞行后(非开普勒轨道)达到逃逸速度,现在则是靠助推火箭在停泊轨道处直接达到逃逸速度(省时间),然后用小推力加速飞向奔火星的轨道(三段子弧组成),要它符合第二、三子弧的速度要求。然后按优化飞行的方法进入绕火星的运行轨道。

放飞登火舱在火星上登陆,而小推力火箭继续在绕火的运行轨道上运行。这里小推力加速符合第2、3子弧的要求是靠控制推力时间来进行的,而涉及的减速要靠助推火箭来完成。例如进入绕火轨道。

完成任务后登火舱起飞并与小推力火箭在绕火运行的轨道上对接、收回,然后返回地球,及至安全着陆地面。需要加速及减速的时候与上述同样处理。

由于新一代的小推力火箭加速时间长,速度也更大。再加上与较大推力的助推火箭相结合,这就有可能在太阳系各大星体间的航行中比大推力火箭还省时间。

至于小推力火箭发动机本身除图3所示的发动机外,钱学森还提到过静电加速式发动机等。

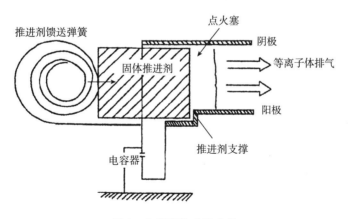

图3 电磁流体式发动机

上述飞行方案跟过去的有关飞行方案有很大区别,过去去火星时,第一子弧可以是非开普勒轨道,现在第一子弧则一定要是高速的子弧,因为要考虑回收。

当然,如果在火星上也建立起基地,那么显然以前提到的其他许多问题也都可顺利解决了。

上面提出的去火星的设想对去太阳系的其他行星也是可用的。至于大推力火箭去火星等时优化设想4条,其中三条这里都是要用的。而其中关于子弧的那条,除了第一子弧情况不同外,其他也是一样的。不同的原因是一个考虑重复使用,一个没有考虑重复使用(至于探测月球情况前已专门分别叙述,这里不再重复了)。返回时显然可类似讨论。

5　新一代小推力火箭组合问题的设想

制造一个新型的带翼防热且有多组助推火箭的小推力火箭,其加速时间会增长,其速度也会增大。

那么向停泊轨道多发几个新型的带翼防热有多组助推火箭的小推力火箭,然后对接起来,组成一个更大的新型并、串联的多级小推力火箭。这时因为加速时间很长很长,推力也会增大,所以能达到的速度也会很大很大。还请注意,多级小推力火箭在飞行的过程中质量是不断减小的,特别是在脱落级时,质量明显减少,这对提速有利。而脱落的级(实际上是新型的单级有翼且可防热的小推力火箭等)可利用其剩余的动力回收在可作为中转站的有关星体上面。如果停泊轨道上开始小推力而形成的一段非开普勒轨道要去掉,那完全可按前述的办法进行。

上述的提速效益比大推力火箭的级数增加还明显。如果在停泊轨道上对接几组大推力火箭,从而组成一个级数更多的大推力火箭,其提速的效果就没有上述效果好! 为什么? 因为加速时间大不一样。上述提速方法对太阳系中距地球远处的大星体间优化飞行很有好处。

对恒星间的航行来说,是不是也多出一条路来? 也是值得参考的。参考文献[4]P34 中的一个例子跟此很类似。

在参考文献[4]中,对于质量不加限制、级数也不加限制的大推力多级火箭而言,随着其级数无穷增多, $v_N \to c$ 。再利用相对论中的时间延长和距离缩短,从而提出了一个恒星际飞行的理论设想。

现在是不是又多出一条思路来?

将来会不会有更好的思路(包括新一代的航天飞机和新一代小推力火箭等)? 将来肯定会有更好的思路和设计。因为科学是在不断发展的,后人一定会比前人做得更好。

参考文献

[1]　竺苗龙,竺雪君. 关于太阳系中大星体间优化飞行的初步理论探讨[M]. 北京:中国宇航出版社,2015.

[2]　竺苗龙,竺雪君. 多级火箭结构参数的优化理论[M]. 北京:中国宇航出版社,2011.

[3]　竺苗龙,竺致文,竺雪君. 绕地飞行航天器最佳发射轨道理论及其他问题的研究[M]. 北京:中国宇航出版社,2011.

[4]　竺苗龙. 关于高速飞行和飞出太阳系个别问题的初步理论探讨[M]. 北京:中国宇航出版社,2011.

一 版 后 记

太阳系中的优化飞行,大家知道最早霍曼考虑过:那就是 2 个行星际轨道最省能量的霍曼过渡。近几十年来,人们又提出了利用甩摆技术(引力效应)来进行太阳系中的优化飞行;不但省能量,而且省时间。

但上述方法除了不能用于最佳探月外,其他也都有缺陷,例如霍曼过渡,从地球过渡至火星,那么从地面上怎样最佳发射?到火星轨道时又如何最佳降落火星?而且飞行时间太长,载货可以,载人则希望时间更省些。至于利用引力效应,书中已举了两个它的成功的例子。但是去火星、金星怎么办?此时中间没有其他星体,靠月球行吗?它质量这么小,能起多大作用?靠先去金星,再利用地球引力然后飞行火星这样的甩摆技术吗?显然时间太长了。所以它的作用是中间星体越多,效益越明显。但是即使如此,其首、尾也都有个优化问题。

所以人们在这几十年用大推力火箭进行的深空探测中,包括用小推力飞行探测深空的设想,大多数都是一般飞行。例如,探测月球,先用引力球理论设计 2 段子弧,然后又用受摄限制 3 体问题进行精确计算,从而拼成一条飞向月球的轨道。这样的轨道,工程上是取得了巨大的成功,阿波罗飞船还带了人登上月球,更是惊人。但从优化的角度来看就有不足之处。如果指标是省能量第一,省时间第二,那么每条子弧都有个优化设计的问题,它们的拼接也有个优化问题。探测火星也是如此。如果指标是省时间第一,省能量第二,那么设计时就得先从地球引力球内发射一最佳双曲轨道,再在太阳引力场中设计一最佳双曲轨道,然后航天器在地球引力球的边缘上切入这条太阳引力场中的最佳双曲轨道的某点作惯性飞行,到达火星引力球范围时,再用返回中的最佳轨道进入火星的卫星轨道或在火星上降落。显见探测其他行星时也可类似处理,包括小推力飞行,如何优化飞行,书中也讲了。

这本小书讨论的就是有关子弧的优化设计及子弧的优化拼接问题,从而确定在太阳系中大星体间飞行时基本的最佳飞行轨道,也可用于最佳探月。而这时的最佳指标可以是能量最省,可以是时间最省,也可以是两者统一考虑。

为了解决上述问题,小书中先讲了一些有关的理论基础,然后在理想情况下,按引力球理论优化设计各段子弧,然后再引入有摄限制 3 体(2 体)问题等,为精确计算从而为轨道的修正(若需要的话)打下基础。在此基础上确定实际情况下各段真正优化的子弧及其优化拼接问题,包括共面和不共面的情况,以及解释为什么把发射窗口放在第一位。

我们(我跟我女儿竺雪君)写这本小书虽然花了好几年时间,反复推敲,反复修改,但也仅仅是在学科的角度上提出优化飞行的方法而言。有关的具体应用,那是靠从事工程技术的同志们创造性工作的。我们虽然奋斗多年,但不妥甚至错误之处可能还有,恳请前辈及同行多多指正,这是对我们最大的帮助和关心。另外,我们曾想写一章预备知识介绍多体问题及摄动等等,但越写越感到不合适,故不用了。

最后,我们在写这本小书的过程中,国家航天局的褚桂柏同志、国防科大的黄圳珪同志、南京大学的刘林同志、北航的何麟书同志等都跟我进行过交流,我们向他们表示衷心的感谢。

附带说件事:2011年中国宇航出版社出版了《关于高速飞行和飞出太阳系个别问题的初步理论探讨》一书,其中第 2 章"关于高速飞船的一个图像问题"中的 2.5 节运动过程(p47)应删去。这样 2.6 节变成 2.5 节等等,全章共 12 节。同样,2011 年由中国宇航出版社出版的《绕地飞行航天器最佳发射轨道理论及其他问题的研究》一书,第 4 章"有关小推力轨道和高速效应"中的 4.3 节洛伦兹变换的一个应用中,(5)平面上的运动过程的情况如下(p124),也同样应删去,这样 p124 上的(6)就变成了(5)。至于跟作者之一有关的其他所有著作和论文中涉及到这一点内容的,当然也都应删去。过去我们在有关论文中正式声明过这件事,这次重提,目的就是我们不愿让不妥之处留给读者及后人。

竺苗龙

2015 年 1 月于青岛大学